燃气行业从业人员专业教材

液化石油气库站工

冯晶琛　高培文　主编

黄河水利出版社

·郑州·

图书在版编目(CIP)数据

液化石油气库站工/冯晶琛,高培文主编. —郑州:黄河
水利出版社,2018.5

燃气行业从业人员专业教材

ISBN 978 - 7 - 5509 - 2054 - 5

Ⅰ. ①液…　Ⅱ. ①冯… ②高…　Ⅲ. 液化石油气 - 配气站 -
技术培训 - 教材　Ⅳ. ①TU996

中国版本图书馆 CIP 数据核字(2018)第 128112 号

出　版　社:黄河水利出版社
　　　　　地址:河南省郑州市顺河路黄委会综合楼 14 层　　　　邮政编码:450003
发行单位:黄河水利出版社
　　　　　发行部电话:0371 - 66026940、66020550、66028024、66022620(传真)
　　　　　E-mail:hhslcbs@ 126. com
承印单位:河南瑞之光印刷股份有限公司
开本:787 mm × 1 092 mm　1/16
印张:7.75
字数:179 千字　　　　　　　　　　　　　　　印数:1—2 000
版次:2018 年 5 月第 1 版　　　　　　　　　印次:2018 年 5 月第 1 次印刷
定价:38.00 元

▌前 言

　　本教材按照液化石油气库站运行工国家职业技能标准对初级、中级、高级的职业技能要求依次递进，高级别涵盖低级别的要求。从库站设备运行、库站设备维护维修、库站设施安全三种职业功能出发，重点介绍了与库站专用机具使用、库站巡检、工艺操作、设备维护保养、故障判断与处理、安全设施操作、安全防护等工作内容相对应的职业技能要求和职业相关知识要求，编排上从总体到局部，由浅至深，使培训人员逐步深入理解并能从事液化石油气库站的关键工作。

　　本教材适合用作液化石油气库站运行工（初级、中级、高级）培训教材、职业学校燃气专业教材和燃气行业培训教材。

　　本书由冯晶琛、高培文主编，宋长明、曹展涛、肖淑衡参编，全书由陆文美负责统稿。本书具体编写分工为：宋长明、曹展涛编写第 1 章，冯晶琛编写第 2 章，高培文、肖淑衡编写第 3 章，冯晶琛、高培文编写第 4 章、第 5 章。其中，急救处理知识内容由雷国灵提供。感谢在编写过程中深圳燃气股份有限公司提供的大力支持，感谢企业专家冼钢辉、胡志炼的审核校对。

　　由于编者的学识水平所限，书中难免有一些错误和不足之处，恳请读者批评指正。

编 者
2018 年 3 月

目 录

1 液化石油气库站基础知识

第1章　液化石油气库站常用工机具 ……………………………………… (1)

　1.1　扳手 ……………………………………………………………… (1)

　1.2　管钳 ……………………………………………………………… (5)

　1.3　手钳 ……………………………………………………………… (5)

2 液化石油气库站工艺操作及设备维护

第2章　库站运行 ………………………………………………………… (7)

　2.1　LPG 槽车卸车 …………………………………………………… (7)

　2.2　LPG 槽车装车 …………………………………………………… (10)

　2.3　LPG 倒罐 ………………………………………………………… (13)

　2.4　LPG 钢瓶充装 …………………………………………………… (15)

　2.5　LPG 钢瓶残液回收 ……………………………………………… (18)

　2.6　LPG 贮罐排污 …………………………………………………… (19)

　2.7　LPG 瓶组站气化供气 …………………………………………… (20)

第3章　库站设备设施 …………………………………………………… (23)

　3.1　LPG 贮罐 ………………………………………………………… (23)

　3.2　LPG 槽车 ………………………………………………………… (33)

　3.3　LPG 汽车槽车装卸台 …………………………………………… (39)

　3.4　LPG 压缩机 ……………………………………………………… (40)

　3.5　LPG 烃泵 ………………………………………………………… (47)

　3.6　LPG 气化器 ……………………………………………………… (51)

　3.7　LPG 钢瓶 ………………………………………………………… (54)

　3.8　流体装卸臂 ……………………………………………………… (61)

　3.9　柴油发电机 ……………………………………………………… (63)

3 液化石油气库站管理

第4章 LPG 安全管理 ·······························(66)
4.1 灭火的方法及消防器材 ·······················(66)
4.2 库站安全管理机构 ···························(69)
4.3 LPG 库站安全管理制度 ·······················(70)
4.4 安全技术教育和培训 ························(76)
4.5 事故应急预案与演练 ························(77)

4 岗位考核解析

第5章 岗位考核大纲(试行)及题库 ···················(83)
5.1 岗位考核大纲(试行) ·······················(83)
5.2 题库及答案 ···························(88)
参考文献 ·······························(115)

第1章 液化石油气库站常用工机具

液化石油气库站运行工在操作过程中，根据操作设备的不同、运用工具的不同，通用的工具有扳手、管钳、手钳等。

1.1 扳手

扳手主要用来紧固和拆卸零部件，通常有活动扳手、开口扳手、梅花扳手、双用扳手、套筒扳手、敲击扳手、F型扳手、内六角扳手。

1.1.1 活动扳手

活动扳手简称活扳手(图1-1)，其开口(扳口)宽度可在一定范围内调节，是用来紧固和起松不同规格的螺母和螺栓的一种工具。活动扳手由头部和手柄组成，头部由活动扳唇、呆扳唇、扳口、蜗轮和轴销等组成。

图 1-1 活动扳手

规格表示为长度×最大开口宽度，活动扳手常用规格如表1-1所示。活动扳手利用杠杆原理拧转螺栓、螺钉、螺母。活动扳手使用时，右手握手柄。手越靠后，扳动起来越省力。扳动小螺母时，因需要不断地转动蜗轮，调节扳口的大小，所以手应握在靠近呆扳唇处，并用大拇指调制蜗轮，以适应螺母的大小。

表 1-1 活动扳手常用规格

长度(mm)	100	150	200	250	300	370	450	600
最大开口宽度(mm)	13	15	24	30	36	46	55	65

活动扳手使用注意事项：

(1)活动扳手只适用于拆装表面是多边形结构外表的管件；

（2）活动扳手开口可以调节，选用不同规格的扳手可以拆装不同尺寸的螺栓及螺母；

（3）使用活动扳手时，开口大小要合适，过大会损坏螺母的形状，使其棱角变圆，扳手上也不能套加力管，以免损坏扳手；

（4）活动扳手不可反用，以免损坏活动扳唇，也不可用钢管接长手柄来施加较大的力矩；

（5）活动扳手不可当作撬棒或手锤使用。

1.1.2　开口扳手

开口扳手又称呆扳手或死扳手（图1-2），主要分为双头呆扳手和单头呆扳手，一端或两端带有固定尺寸的开口，其开口尺寸与螺钉头、螺母的尺寸相适应，并根据标准尺寸制作而成。扳手规格及对应螺栓规格如表1-2所示。

图1-2　开口扳手

表1-2　扳手及对应螺栓规格

螺栓规格	M3	M4	M5	M6	M8	M10	M12	M14	M16	M18
扳手规格（mm）	5.5	7	8	10	14	16	18	21	24	27
螺栓规格	M20	M22	M24	M27	M30	M33	M36	M39	M42	M45
扳手规格（mm）	30	34	36	41	46	50	55	60	65	70

1.1.3　梅花扳手

梅花扳手（图1-3）的两端具有带六角孔或十二角孔的工作端，适用于工作空间狭小、不能使用普通扳手的场合，便于拆卸装配在凹陷空间的螺栓、螺母，并可以为手指提供操作间隙，以防止擦伤。梅花扳手可将螺栓、螺母的头部全部围住，因此不会损坏螺栓角，可以施加大力矩。

在使用梅花扳手时，左手推住梅花扳手与螺栓连接处，保持梅花扳手与螺栓完全配合，防止滑脱，右手握住梅花扳手另一端并加力。扳转时，严禁将加长的管子套在扳手上以延伸扳手的长度、增加力矩，严禁捶击扳手以增加力矩，否则会造成工具的损坏。严禁使用带有裂纹和内孔已严重磨损的梅花扳手。

1.1.4　双用扳手

双用扳手（图1-4）为一端与单头呆扳手相同，另一端与梅花扳手相同，两端拧转相同

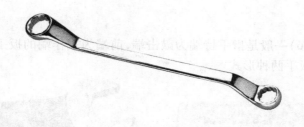

图 1-3　梅花扳手

规格的螺栓或螺母。双用扳手规格及对应螺栓规格如表 1-2 所示。

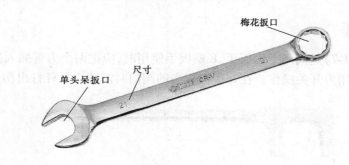

图 1-4　双用扳手

1.1.5　套筒扳手

套筒扳手(图 1-5)是由多个带六角孔或十二角孔的套筒并配有手柄、接杆等多种附件组成的,特别适用于拧转地位十分狭小或凹陷很深处的螺栓或螺母。

图 1-5　套筒扳手

套筒扳手使用注意事项:

(1)根据被扭件选规格,将扳手头套在被扭件上;

(2)根据被扭件所在位置大小选择合适的手柄;

(3)扭动前必须把手柄接头安装稳定才能用力,防止打滑脱落伤人;

(4)扭动手柄时用力要平稳,用力方向与补扭件的中心轴线垂直。

1.1.6 敲击扳手

敲击扳手(图 1-6)一般是指手持端为敲击端,前端为工作端的扳手。主要包括敲击梅花扳手和敲击呆扳手两种形式。

图 1-6 敲击扳手

1.1.7 F 型扳手

F 型扳手(图 1-7)是阀门专用扳手,F 型扳手使用时,应把两个力臂插入阀门手轮中,在确认卡好后,可用力开关操作。在开压力较高的阀门时需防止丝杆打出伤人。

图 1-7 F 型扳手

F 型扳手使用注意事项:

(1)应与门轮卡牢,防止脱开;

(2)操作人应两脚分开且脚底站稳,两腿合理支撑,防止摔倒;

(3)操作人应两手握紧手柄,并且合理、均匀用力,防止用猛力或暴力;

(4)阀门扳手的手柄应与门轮在同一水平面,使得阀门扳手的力合理地用在门轮上,防止用力过大而损坏门轮。

1.1.8 内六角扳手

内六角扳手也叫艾伦扳手(图 1-8)。它通过扭矩施加对螺丝的作用力,大大降低了使用者的用力强度。

内六角扳手规格及对应螺栓规格如表 1-3 所示。

图 1-8 内六角扳手

表 1-3 内六角扳手规格

螺栓规格	M3	M4	M5	M6	M8	M10	M12	M14
扳手规格(mm)	2.5	3	4	5	6	8	10	12
螺栓规格	M16	M18	M20	M22	M24	M27	M36	M42
扳手规格(mm)	14	14	17	17	19	19	24	27

1.2　管钳

管钳(图 1-9)是一种用来夹持和旋转钢管类的工具,广泛用于石油管道和民用管道安装,钳住管子使它转动完成连接。工作原理是将钳力转换为进入扭力,用在扭动方向的力更大,也就钳得更紧。用钳口的锥度增加扭矩,通常锥度在 3°~8°,咬紧管状物。自动适应不同的管径,自动适应钳口对管施加应力而引起的塑性变形。常用管钳规格如表 1-4 所示。

图 1-9　管钳

表 1-4　常用管钳规格

规格	6″	8″	10″	12″	14″	18″	24″	36″	48″
总长度(mm)	150	200	250	300	350	450	600	900	1 200
最大夹持管径(mm)	20	25	30	40	50	60	75	85	110

管钳使用注意事项:
(1)要选择合适的规格;
(2)钳头开口要等于工件的直径;
(3)钳头要卡紧工件后再用力扳,防止打滑伤人;
(4)搬动手柄时,注意承载扭矩,不能用力过猛,防止过载损坏;
(5)管钳牙和调节环要保持清洁;
(6)一般管子钳不能作为锤头使用;
(7)不能夹持温度超过 300 ℃ 的工件。

1.3　手钳

手钳俗称钳子,是一种用于夹持、固定加工工件或者扭转、弯曲、剪断金属丝线的工具。常用的手钳有老虎钳(钢丝钳)、尖嘴钳、鲤鱼钳。

1.3.1　老虎钳

老虎钳(图 1-10)齿口可用来紧固或拧松螺母,刀口可用来剖切软电线的橡皮或塑料绝缘层,可以用来切断电线、钢丝等较硬的金属线,可用来起钉子或夹断钉子和铁丝。

图 1-10　老虎钳

1.3.2　尖嘴钳

尖嘴钳(图 1-11)主要用于较狭小的工作空间操作,不带刃口者只能夹捏工作,带刃口者能剪切细小零件。

图 1-11　尖嘴钳

1.3.3　鲤鱼钳

鲤鱼钳也称鱼嘴钳(图 1-12),其特点是钳口的开口宽度有两档调节位置,可放大或缩小使用,主要用于夹持扁形或圆形零件,可代替扳手旋转小螺母和小螺栓;也可在颈部切断细导线。

图 1-12　鲤鱼(鱼嘴)钳

第 2 章 库站运行

2.1 LPG 槽车卸车

2.1.1 LPG 槽车压缩机卸车

2.1.1.1 压缩机卸槽车的工艺原理

压缩机卸槽车的主要运行设备包括槽车、压缩机和贮罐。压缩机卸槽车工艺流程图如图 2-1 所示。压缩机抽出贮罐的气相，压入槽车，使槽车与贮罐液面形成压力差，连通液相管，液态 LPG 从槽车流入贮罐。

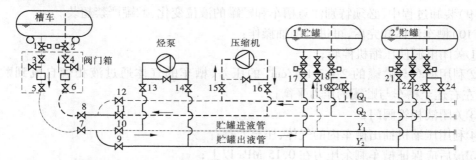

1—槽车液相管紧急切断阀；2—槽车气相管紧急切断阀；3—槽车液相管操作阀；4—槽车气相管操作阀；5—液相高压软管 Y 型阀；6—气相高压软管 Y 型阀；7—装卸台液相管总阀；8—装卸台气相管总阀；9—装卸台贮罐出液管阀；10—装卸台贮罐进液管阀；11—装卸台贮罐出气管阀；12—装卸台贮罐进气管阀；13—烃泵出液管操作阀；14—烃泵进液管操作阀；15—压缩机进气管操作阀；16—压缩机出气管操作阀；17、21—贮罐出液管操作阀；18、22—贮罐进液管操作阀；19、23—贮罐进气管操作阀；20、24—贮罐出气管操作阀

图 2-1 压缩机卸槽车工艺流程图

卸车时（以槽车卸车到 1# 贮罐为例），打开气相管阀门 20、15、16、11、8、6、4、2，启动压缩机，将贮罐中的气态 LPG 抽出，压送到槽车中，使槽车与贮罐液面形成 0.2 ~ 0.3 MPa 的压力差，打开液相管阀门 1、3、5、7、10、18，液态 LPG 从槽车经液相管流入贮罐。

压缩机卸槽车的气、液相流经路线如下：

液相：槽车→液相管→贮罐；

气相：贮罐→压缩机→槽车。

液化石油气卸车完毕后，要用压缩机将卸空的槽车中的气态液化石油气抽回贮罐中，抽出时不宜使槽车内压力过低,一般应保持剩余压力在 0.15 MPa 以上,以免空气渗入形成爆炸性混合物。

利用压缩机卸槽车的特点是流程简单,生产能力高,可完全倒空,没有液化石油气损失。但耗电量大,过程管理复杂,在系统形成了一定压差后才能开始装卸作业,并受气候环境的影响。

2.1.1.2 压缩机卸槽车的安全操作规程

(1)槽车到站,停车熄火、拉手刹。

(2)槽车车轮加三角楔木防滑稳固。

(3)装卸台的静电接地线与槽车连接。

(4)检验槽车的装载量(检验货单、槽车温度、压力、液位)。

(5)连接快速接头。连接快速接头时,应检查快速接头密封圈是否损失或老化。接紧后应通过放散阀将接头内的空气排除(通过软管内液化石油气将空气排除)。

(6)打开沿线上的阀门,连通气液两相;首先打开沿线上槽车和贮罐的紧急切断阀,确保其处于开启状态,然后打开管道沿线上的阀门。

(7)根据设备的安全操作规程启动压缩机。卸车时,则抽贮罐气相,给槽车加压。

(8)卸车时,运行人员和槽车驾驶员不得离开现场,随时检查运行情况,填写运行参数,发现异常立即停机,待排除故障后再继续装卸。

(9)装卸过程中,必须特别注意槽车和贮罐的液位变化,贮罐严禁超装。

(10)槽车液体卸完后,可进行倒抽操作:

①关闭电源使压缩机停转;

②利用槽车与贮罐的 2~3 kgf/cm² 的压差,槽车的气体通过液相管自流到贮罐,1 min 左右达至槽车与贮罐的压力平衡;

③关闭液相管阀门;

④利用压缩机抽出槽车内的气体,压至贮罐;

⑤最后应保证槽车剩余压力在 0.15 MPa 以上;

⑥关闭压缩机。

(11)关闭装卸台和槽车气液相阀门。

(12)(放净装卸车气液相鹤管内气液后)拆下与槽车连接端快速接头,拆下静电接线。

(13)运行人员与押运员共同签字确认后,槽车驾驶员全面检查一遍确认无误后,抽出轮底三角楔木,接回槽车钥匙,发动槽车离开装卸台。

(14)出现下列情况之一时严禁实施装车作业:

①雷雨天气;

②压力异常;

③管线泄漏;

④附近有明火。

2.1.2　LPG 槽车烃泵卸车

2.1.2.1　烃泵卸槽车的工艺原理

烃泵卸槽车工艺流程图如图 2-2 所示。

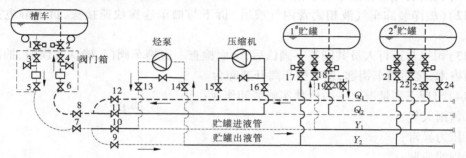

1—槽车液相管紧急切断阀;2—槽车气相管紧急切断阀;3—槽车液相管操作阀;4—槽车气相管操作阀;5—液相高压软管 Y 型阀;6—气相高压软管 Y 型阀;7—装卸台液相管总阀;8—装卸台气相管总阀;9—装卸台贮罐出液管阀;10—装卸台贮罐进液管阀;11—装卸台贮罐出气管阀;12—装卸台贮罐进气管阀;13—烃泵出液管操作阀;14—烃泵进液管操作阀;15—压缩机进气管操作阀;16—压缩机出气管操作阀;17、21—贮罐出液管操作阀;18、22—贮罐进液管操作阀;19、23—贮罐进气管操作阀;20、24—贮罐出气管操作阀

图 2-2　烃泵卸槽车工艺流程图

烃泵卸槽车(以槽车卸车到 1# 贮罐为例):烃泵从槽车吸出液态 LPG,加压送入贮罐。如图 2-2 所示,卸车时,打开液相管阀门 1、3、5、7、9、13、14、18,启动烃泵,烃泵从槽车吸出液态 LPG,加压送入贮罐。打开气相管阀门 20、12、8、6、4、2,连通气相,起平衡贮罐和槽车的压力作用。

烃泵卸槽车的气、液相流经路线如下:

液相:槽车→烃泵→贮罐;

气相:贮罐→气相管→槽车。

2.1.2.2　烃泵卸槽车的安全操作规程

(1)槽车到站,停车熄火、拉手刹。

(2)槽车车轮加三角楔木防滑稳固。

(3)装卸台的快速接头与槽车连接。

(4)检验槽车的装载量(槽车温度、压力、液位)。

(5)连接快速接头。连接快速接头时,应检查快速接头密封圈是否损失或老化。接紧后应通过鹤管放散阀将接头内的空气排除(通过软管内液化石油气将空气排除)。

(6)打开沿线上的阀门,连通气液两相;首先打开沿线上槽车和贮罐的阀门,确保其处于开启状态,然后打开管道沿线上的阀门。

(7)根据设备的安全操作规程启动烃泵;用液泵卸车时,则根据需要连通液相管,直接用泵吸出槽车的液体,压向贮罐。

(8)卸车时,运行人员和槽车驾驶员不得离开现场,随时检查运行情况,填写运行参数,发现异常立即停车,待排除故障后再继续装卸。

（9）卸车过程中，必须特别注意槽车和贮罐的液位变化，严禁超装，避免槽车内液体抽空。

（10）卸车完毕后，关闭液泵。

（11）关闭装卸台和槽车气液相阀门。

（12）（放净装卸车气液相鹤管内气液后）拆下与槽车连接快速接头，拆下静电接地线。

（13）司机与运行人员共同签字确认后，全面检查一遍槽车阀门，确认无误后，抽出轮底三角楔木，接回槽车钥匙，发动槽车离开装卸台。

（14）出现下列情况之一时严禁实施装卸作业：

①雷雨天气；

②压力异常；

③管线泄漏；

④附近有明火。

2.2 LPG 槽车装车

2.2.1 LPG 槽车压缩机装车

2.2.1.1 压缩机装槽车的工艺原理

压缩机装槽车的主要运行设备包括槽车、压缩机和贮罐。压缩机装槽车工艺流程图如图 2-3 所示。压缩机抽出槽车的气相，压入贮罐，使贮罐与槽车液面产生压力差，连通液相管，液态 LPG 从贮罐流入槽车。

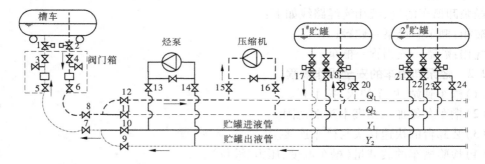

1—槽车液相管紧急切断阀；2—槽车气相管紧急切断阀；3—槽车液相管操作阀；4—槽车气相管操作阀；5—液相高压软管 Y 型阀；6—气相高压软管 Y 型阀；7—装卸台液相管总阀；8—装卸台气相管总阀；9—装卸台贮罐出液管阀；10—装卸台贮罐进液管阀；11—装卸台贮罐出气管阀；12—装卸台贮罐进气管阀；13—烃泵出液管操作阀；14—烃泵进液管操作阀；15—压缩机进气管操作阀；16—压缩机出气管操作阀；17、21—贮罐出液管操作阀；18、22—贮罐进液管操作阀；19、23—贮罐进气管操作阀；20、24—贮罐出气管操作阀

图 2-3 压缩机装槽车工艺流程图

压缩机装车时（以 1# 贮罐装槽车为例），打开气相管阀门 2、4、6、8、12、15、16、19，启动

压缩机,将槽车中的气相 LPG 抽出,压入贮罐中,使贮罐与槽车液面产生 0.2 ~ 0.3 MPa 的压力差。然后打开液相管阀门 17、9、7、5、3、1。液态 LPG 从贮罐经液相管流入槽车。

压缩机装槽车的气、液相流经路线如下:

液相:贮罐→液相管→槽车;

气相:槽车→压缩机→贮罐。

2.2.1.2　压缩机装槽车的安全操作规程

(1)槽车到站,停车熄火、拉手刹。

(2)槽车车轮加三角楔木防滑稳固。

(3)装卸台的静电接地线与槽车连接。

(4)检验槽车的装载量(槽车温度、压力、液位)。

(5)连接快速接头。连接快速接头时,应检查快速接头密封圈是否损失或老化。接紧后应通过鹤管放散阀将接头内的空气排除(通过软管内液化石油气将空气排除)。

(6)打开沿线上的阀门,连通气液两相。首先打开沿线上槽车和贮罐的紧急切断阀,确保其处于开启状态,然后打开管道沿线上的阀门。

(7)根据设备的安全操作规程启动压缩机;开动压缩机抽槽车的气相,给贮罐加压造成压差装车。

(8)装车时,运行人员和槽车驾驶员不得离开现场,随时检查运行情况,填写运行参数,发现异常立即停机,待排除故障后再继续装卸。

(9)装车过程中,必须特别注意槽车和贮罐的液位变化,槽车严禁超装。

(10)装车完毕后,关闭压缩机,应保证贮罐剩余压力在 0.5 kgf/cm² 以上。

(11)关闭装卸台和槽车气液相阀门。

(12)(放净装卸车气液相鹤管内气液后)拆下与槽车连接的快速接头,拆下静电接地线。

(13)运行人员与押运员共同签字确认后,槽车驾驶员全面检查一遍确认无误后,抽出轮底三角楔木,槽车司机接回槽车钥匙,发动槽车离开装卸台。

(14)出现下列情况之一时严禁实施装车作业:

①雷雨天气;

②压力异常;

③管线泄漏;

④附近有明火。

2.2.2　LPG 槽车烃泵装车

2.2.2.1　烃泵装槽车的工艺原理

烃泵装槽车工艺流程图如图 2-4 所示。

烃泵装槽车(以 1# 贮罐装槽车为例):烃泵从贮罐吸出液态 LPG,加压送入槽车。如图 2-4 所示,装车时,打开液相管阀门 17、14、13、10、7、5、3、1,启动烃泵,烃泵从贮罐吸出液态 LPG,加压送入槽车。打开气相管阀门 2、4、6、8、11、19,连通气相,起平衡贮罐和槽车的压力作用。

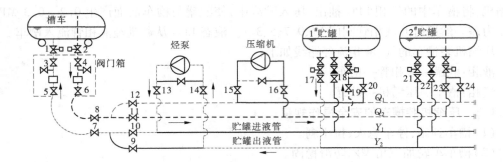

1—槽车液相管紧急切断阀;2—槽车气相管紧急切断阀;3—槽车液相管操作阀;4—槽车气相管操作阀;5—液相高压软管 Y 型阀;6—气相高压软管 Y 型阀;7—装卸台液相管总阀;8—装卸台气相管总阀;9—装卸台贮罐出液管阀;10—装卸台贮罐进液管阀;11—装卸台贮罐出气管阀;12—装卸台贮罐进气管阀;13—烃泵出液管操作阀;14—烃泵进液管操作阀;15—压缩机进气管操作阀;16—压缩机出气管操作阀;17、21—贮罐出液管操作阀;18、22—贮罐进液管操作阀;19、23—贮罐进气管操作阀;20、24—贮罐出气管操作阀

图 2-4　烃泵装槽车的工艺流程图

烃泵装槽车的气、液相流经路线如下:

液相:贮罐→烃泵→槽车;

气相:槽车→气相管→贮罐。

利用烃泵装槽车的特点是工艺简单,管理方便,直接给液体加压,能耗较利用压缩机装槽车少,但为了避免烃泵空转,使烃泵的冷却恶化,损坏烃泵,贮罐或槽车内液态 LPG 不能抽空,即在贮罐或槽车内应有剩余的液态 LPG,故烃泵一般用于装槽车,很少用于卸槽车。

利用烃泵装槽车必须防止因烃泵吸入口压力低于液化石油气的饱和蒸汽压而造成的"气塞"或"气蚀"现象,更甚的是造成烃泵空转。防范的措施如下:

(1)降低烃泵的安装高度,即烃泵的安装高度越低越好,以提高烃泵进口的进压力,但受安装条件的限制。

(2)严格遵守操作规程,必须保证烃泵的入口管线上的所有阀门处于开启状态,不能用来调节流量。

(3)避免贮罐或槽车内液态 LPG 抽空。

2.2.2.2　烃泵装槽车的安全操作规程

(1)槽车到站,停车熄火、拉手刹。

(2)槽车车轮加三角楔木防滑稳固。

(3)装卸台的快速接头与槽车连接。

(4)检验槽车的装载量(槽车温度、压力、液位)。

(5)连接快速接头。连接快速接头时,应检查快速接头密封圈是否损失或老化。接紧后应通过鹤管放散阀将接头内的空气排除(通过软管内液化石油气将空气排除)。

(6)打开沿线上的阀门,连通气液两相;首先打开沿线上槽车和贮罐的阀门,确保其处于开启状态,然后打开管道沿线上的阀门。

（7）根据设备的安全操作规程启动烃泵；用液泵装车时，则根据需要连通液相管，直接用泵吸出贮罐的液体，压向槽车。

（8）装车时，运行人员和槽车驾驶员不得离开现场，随时检查运行情况，填写运行参数，发现异常立即停机，待排除故障后再继续装卸。

（9）装车过程中，必须特别注意槽车和贮罐的液位变化，严禁超装，避免贮罐内液体抽空。

（10）装车完毕后，关闭烃泵。

（11）关闭装卸台和槽车气液相阀门。

（12）（放净装卸车气液相鹤管内气液后）拆下与槽车连接快速接头，拆下静电接地线。

（13）司机与运行人员共同签字确认后，全面检查一遍槽车阀门，确认无误后，抽出轮底三角楔木，接回槽车钥匙，发动槽车离开装卸台。

（14）出现下列情况之一时严禁实施装卸作业：

①雷雨天气；

②压力异常；

③管线泄漏；

④附近有明火。

2.3　LPG 倒罐

2.3.1　LPG 倒罐工艺

贮罐倒罐是指将贮罐区的一贮罐中的液态 LPG 通过压缩机或烃泵倒入另一贮罐的操作过程。要求 LPG 库站至少配备两台贮罐，其目的是以备相互倒罐。

需要进行贮罐倒罐操作的情况有：

（1）正常的生产需要；

（2）贮罐检修的需要；

（3）事故状态的需要。

贮罐倒罐的压送设备主要是压缩机或烃泵。

压缩机倒罐工艺流程图如图 2-5 所示。

压缩机倒罐时（以 $1^\#$ 贮罐倒入 $2^\#$ 贮罐为例），打开气相管阀门 24、15、16、19，启动压缩机，将 $2^\#$ 贮罐中的气相 LPG 抽出，压入 $1^\#$ 贮罐中，使 $1^\#$ 贮罐和 $2^\#$ 贮罐液面产生 0.2～0.3 MPa 的压力差。然后打开液相管阀门 17、9、10、22。液态 LPG 从 $1^\#$ 贮罐经液相管流入 $2^\#$ 贮罐。

压缩机倒罐时的气、液相流经路线如下：

液相：$1^\#$ 贮罐→液相管→ $2^\#$ 贮罐；

气相：$2^\#$ 贮罐→压缩机→ $1^\#$ 贮罐。

烃泵倒罐工艺流程图如图 2-6 所示。

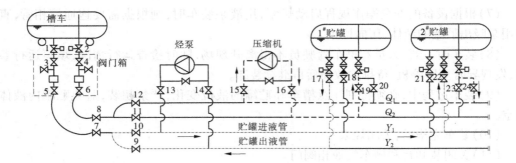

1—槽车液相管紧急切断阀;2—槽车气相管紧急切断阀;3—槽车液相管操作阀;4—槽车气相管操作阀;5—液相高压软管 Y 型阀;6—气相高压软管 Y 型阀;7—装卸台液相管总阀;8—装卸台气相管总阀;9—装卸台贮罐出液管阀;10—装卸台贮罐进液管阀;11—装卸台贮罐出气管阀;12—装卸台贮罐进气管阀;13—烃泵出液管操作阀;14—烃泵进液管操作阀;15—压缩机进气管操作阀;16—压缩机出气管操作阀;17、21—贮罐出液管操作阀;18、22—贮罐进液管操作阀;19、23—贮罐进气管操作阀;20、24—贮罐出气管操作阀

图 2-5 压缩机倒罐工艺流程图

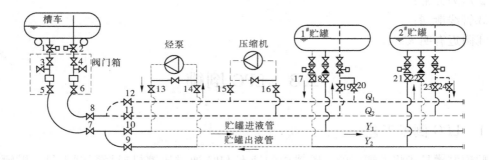

1—槽车液相管紧急切断阀;2—槽车气相管紧急切断阀;3—槽车液相管操作阀;4—槽车气相管操作阀;5—液相高压软管 Y 型阀;6—气相高压软管 Y 型阀;7—装卸台液相管总阀;8—装卸台气相管总阀;9—装卸台贮罐出液管阀;10—装卸台贮罐进液管阀;11—装卸台贮罐出气管阀;12—装卸台贮罐进气管阀;13—烃泵出液管操作阀;14—烃泵进液管操作阀;15—压缩机进气管操作阀;16—压缩机出气管操作阀;17、21—贮罐出液管操作阀;18、22—贮罐进液管操作阀;19、23—贮罐进气管操作阀;20、24—贮罐出气管操作阀

图 2-6 烃泵倒罐工艺流程图

烃泵倒罐时(以 1# 贮罐倒入 2# 贮罐为例):烃泵从 1# 贮罐吸出液态 LPG,加压送入 2# 贮罐。如图 2-6 所示,倒罐时,打开液相管阀门 17、14、13、22,启动烃泵,烃泵从 1# 贮罐吸出液态 LPG,加压送入 2# 贮罐。打开气相管阀门 24、12、11、19,连通气相,起平衡贮罐和槽车的压力作用。

烃泵倒罐时的气、液相流经路线如下:

液相:1# 贮罐→烃泵→2# 贮罐;

气相:2# 贮罐→气相管→1# 贮罐。

2.3.2　LPG 倒罐的安全操作规程

(1)明确倒罐任务的性质,选择倒罐的方法。

(2)检查记录出液罐和入液罐的压力、液位、温度。

(3)打开沿线上的阀门,确定气、液相的流向。

(4)根据安全操作规程启动加压设备。

(5)倒罐过程中,运行人员不得离开现场,随时检查运行情况,记录运行参数,发现异常立即停止压送设备,待排除故障后再继续倒罐。

(6)倒罐过程中,必须特别注意出液罐和入液罐的液位变化,严禁超装,烃泵倒罐时严禁抽空。

(7)倒罐完毕后,关闭压送设备。

(8)关闭沿线阀门。

(9)检查记录出液罐和入液罐的压力、液位、温度。

2.4　LPG 钢瓶充装

2.4.1　LPG 钢瓶充装工艺

2.4.1.1　压缩机充装钢瓶的原理

压缩机充装钢瓶工艺流程图如图 2-7 所示。若以 $1^{\#}$ 贮罐作为充装罐,打开阀门 1、3,启动压缩机,抽出 $2^{\#}$ 贮罐中的气态 LPG,压入 $1^{\#}$ 贮罐,待 $1^{\#}$ 贮罐的压力升高到 1 MPa 左右时,打开 $1^{\#}$ 贮罐阀门 5,液态 LPG 从 $1^{\#}$ 贮罐流向充装台,打开充装台总阀 9,即可进行钢瓶充装。

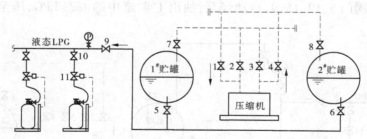

图 2-7　压缩机充装钢瓶工艺流程图

若以 $2^{\#}$ 贮罐作为充装罐,打开阀门 2、4,启动压缩机,抽出 $1^{\#}$ 贮罐中的气态 LPG,压入 $2^{\#}$ 贮罐,待 $2^{\#}$ 贮罐的压力升高到 1 MPa 左右时,打开 $2^{\#}$ 贮罐阀门 6,液态 LPG 从 $2^{\#}$ 贮罐流向充装台,打开充装台总阀 9,即可进行钢瓶充装。

压缩机充装钢瓶的工艺,必须具备两个贮罐才可实施。充装罐加压后,即可充装,用于充装量不大的场合,避免烃泵频繁启闭。

2.4.1.2　烃泵充装钢瓶的原理

烃泵充装钢瓶工艺流程图如图 2-8 所示。需要进行钢瓶充装时,打开阀门 5、12、15、

9,启动烃泵,抽出 1# 贮罐中的液态 LPG,压至充装台进行钢瓶充装。

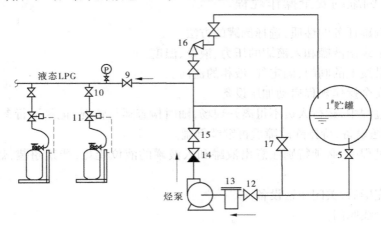

图 2-8　烃泵充装钢瓶工艺流程图

由于充装台上钢瓶充装的负荷随时变化,当钢瓶充装数量小时,充装压力将升高,可适当开大烃泵回流阀,以降低充装的压力。若烃泵出口超压,安全回流阀自动打开,回流部分液体,使压力降至安全值内。充装压力应不大于 1 MPa,烃泵的进出口压差应不大于 0.5 MPa。

烃泵充装钢瓶的工艺系统简单,操作方便,能耗较小,运行中应保证烃泵入口有一定的静压力。

2.4.1.3　压缩机和烃泵联合充装钢瓶的原理

压缩机和烃泵联合充装钢瓶工艺流程图如图 2-9 所示。若以 1# 贮罐为充装罐,打开阀门 8、1、3、7,启动压缩机,将 2# 贮罐中的气相 LPG 压入 1# 贮罐,提高 1# 贮罐的压力。然后打开阀门 5、12、15、9,启动烃泵,抽出 1# 贮罐中的液态 LPG,压至充装台进行钢瓶充装。

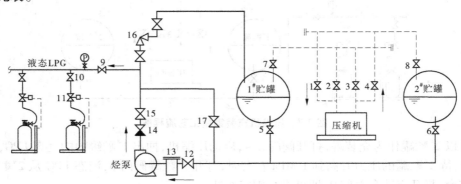

图 2-9　压缩机和烃泵联合充装钢瓶工艺流程图

压缩机和烃泵联合充装钢瓶的工艺有两种运行方式:一种是压缩机和烃泵同时开启;另一种是先开压缩机给充装罐加压到一定压力后,关闭压缩机,再开烃泵。

压缩机和烃泵联合充装钢瓶的工艺特点是压缩机给充装罐加压,一方面保证了烃泵入口压力,提高烃泵的效率,另一方面提高了烃泵出口的压力,从而加快充装钢瓶的速度。因此,这充装工艺一般在充装台钢瓶充装负荷很大时采用。

2.4.2　LPG 钢瓶充装操作规程

钢瓶充装台的钢瓶充装设备如图 2-10 所示。

图 2-10　钢瓶充装台的钢瓶充装设备

班组长首先检查充装设备是否符合安全要求,然后校验充装秤,当检验员检验钢瓶符合充装要求后,操作工按以下步骤进行充装:

(1)把钢瓶移放在充装秤上,把充气枪接套在钢瓶角阀,标定充装总重量。

(2)先打开钢瓶角阀,再打开气枪送气阀。

(3)钢瓶充装时,注意充装压力(不大于 1 MPa),观察瓶内进液状况。

(4)当发现钢瓶难以充气,应立即关闭角阀,停止充瓶。

(5)当限量阀自动关闭后,先关闭钢瓶角阀,后关闭气枪阀门。

(6)取出充气枪,复检钢瓶充装重量。

(7)用肥皂水对角阀检漏,检验合格后,用瓶封把角阀的手轮和出口封牢,并在瓶体贴上合格证。

(8)检验员对钢瓶进行复检和抽查重量,认为合格后,在合格证上盖上检验员工章。

2.5 LPG 钢瓶残液回收

2.5.1 LPG 钢瓶残液回收工艺

钢瓶充装前进行外观检查,若发现钢瓶内有残液,严禁随意排放,必须在钢瓶倒残液架上将残液回收至残液罐内。钢瓶倒残液一般利用压缩机,有正压法和负压法两种方法。

正压法钢瓶倒残液原理图如图 2-11 所示。利用正压法钢瓶倒残前,应先用压缩机抽出残液罐内的气态 LPG,给残液罐降压,若高压气相管与低压残液管的压力差在 0.2 ~ 0.4 MPa 之间,可关闭压缩机,充装人员即可在充装台上的倒残架进行倒残作业。若高压气相管与低压残液管的压力差小于 0.2 MPa,可开启压缩机,抽出残液罐内的气态 LPG,使压力差升高至 0.2 ~ 0.4 MPa,保证钢瓶倒残的彻底和速度。

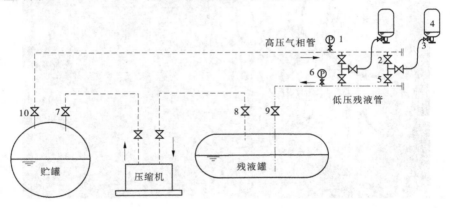

1—气相压力表;2—加压阀;3—充装枪;4—钢瓶;5—倒残操作阀;6—残液管压力表

图 2-11 正压法钢瓶倒残液原理图

正压法钢瓶倒残时检查高压气相管压力表和低压残液管压力表的读数,它们的压力差应大于 0.2 MPa。将充装枪与钢瓶连接好,然后翻转钢瓶,开加压阀给钢瓶加压,加压后关闭加压阀,开倒残操作阀,在压差的作用下,残液经残液管进入残液罐。当高压和低压压力表压差小于 0.2 MPa 时,应利用压缩机抽出残液罐的气相,降低残液罐的压力,将气体压进贮罐,提高贮罐的压力,从而使高压和低压力差大于 0.2 MPa。

负压法钢瓶倒残液原理图如图 2-12 所示。负压法钢瓶倒残液是利用压缩机抽出残液罐内的气相,使残液罐内的真空度小于 26.7 kPa,而不往钢瓶内压入压缩气体的残液回收方法。当残液罐内压力为负压时,钢瓶内的残液便在钢瓶内压力的作用下流入残液罐。

2.5.2 LPG 钢瓶残液回收操作规程

钢瓶倒残时,操作工检查倒残系统设备,如气枪、压力表、软管,并检查管线进、出压差(0.05 MPa 以上)。当符合倒残要求时,按以下步骤进行操作:

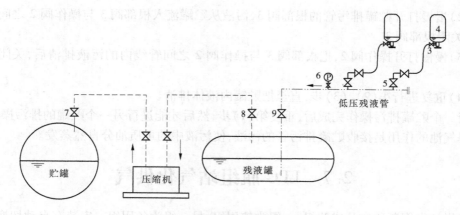

图 2-12　负压法钢瓶倒残液原理图

（1）把钢瓶倒放在瓶架上，把气枪接套角阀，先打开角阀阀门，再打开气枪送气阀，后打开倒残进气阀。

（2）在瓶内气体流动声消失后，关闭进气阀。

（3）打开倒残出气阀，在瓶内液体流动声消失后，关闭出气阀。

（4）重复打开进气阀动作和第（2）、（3）步一次。

（5）关闭角阀阀门，关闭气枪送气阀并取下气枪。

（6）取下钢瓶，检查瓶内是否还有残液，打开角阀检查角阀是否有杂物堵塞。

2.6　LPG 贮罐排污

贮罐需要定期排污，排污工艺图如图 2-13 所示。贮罐排污时的危险在于阀门冻结，关不住阀门，从而造成严重后果。

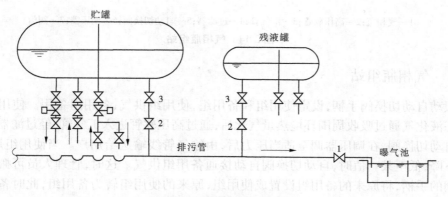

图 2-13　贮罐排污工艺图

贮罐排污的工作要由站长负责安排。排污操作时，由安全员或班组长在现场监察，并由 2 人进行操作。运行人员按以下步骤进行：

（1）把曝气池排污管阀门 1 打开，排清积存在排污管内的污液后关闭。

（2）慢慢打开贮罐排污管的根部阀3，污液从贮罐流入根部阀3与操作阀2之间的管段后，关闭根部阀3。

（3）慢慢打开操作阀2，把根部阀3与操作阀2之间管线内的污液排清后，关闭操作阀2。

（4）重复进行第（2）、（3）步，直至把贮罐内液体排清。

当一个贮罐排污操作完成后，重复第（1）步，然后才能进行另一个贮罐的排污操作。

曝气池的作用是接收贮罐排污管的污液，使污液中的重质油分自然蒸发。

2.7 LPG 瓶组站气化供气

瓶组站内钢瓶通常分成两组，一组为使用组，另一组为备用组。安装有自动切换阀的瓶组站，由自动切换阀设定使用组和备用组，使用组使用完后，自动切换阀自动接通备用组，由备用组供气，实现不停气更换钢瓶。

液化石油气瓶组站分为气相瓶组站（图2-14）和液相瓶组站（图2-15）。

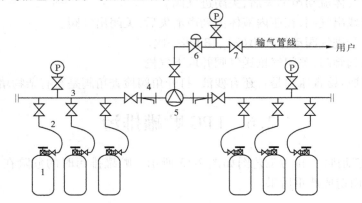

1—气相瓶；2—高压软管；3—汇气管；4—过滤器；5—自动切换阀；6—调压器；7—阀门

图 2-14 气相瓶组站

2.7.1 气相瓶组站

搬动自动切换阀手柄，设定使用组和备用组，使用组供气，备用组备用。使用组钢瓶内液态液化气通过吸收周围环境热量气化后，通过高压软管进入汇气管，经过滤器过滤后进入自动切换阀，在调压器调至适当压力后，由输气管线输送给用户。当使用组用完后，压力下降，低至某一值时，自动切换阀自动接通备用组供气。这时，管理人员可搬动自动切换阀的手柄，将原来的备用组设置成使用组，原来的使用组转为备用组，此时备用组可更换钢瓶。

2.7.2 液相瓶组站

使用组钢瓶内液态液化气被钢瓶内0.3～0.5 MPa压力压出，依次流经高压软管、汇液管、过滤器、液相自动切换阀、电磁阀，进入气化器，液态液化气在气化器被热介质（如

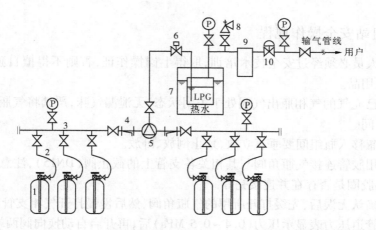

1—液相瓶;2—高压软管;3—汇液管;4—过滤器;5—液相自动切换阀;
6—电磁阀;7—气化器;8—安全阀;9—气液分离器;10—调压器

图 2-15　液相瓶组站

热水)加热,吸收热介质的热量而气化,气态液化气通过气液分离器分离出挟带的液滴后,经调压器降至适当压力,通过输气管线输送至用户。

2.7.3　LPG 气化工艺

气相瓶组站供气系统中液态液化气均通过吸收周围环境热量而气化,这种气化方式称为自然气化。自然气化的特点是气化量少,气体成分会变化,但不需要加热设备,不耗能。它常用于供气量不大的场合。

液化石油气钢瓶的自然气化过程:燃具用气,钢瓶内气态液化石油气被引出,钢瓶内气液平衡被打破,液态液化石油气气化补充,气化需要吸收热量,起始时,先吸收液体本身的热量,致使液体的温度下降,而低于环境温度,这时由于环境与钢瓶内液体存在温度差,热量从周围环境传递给液体,液体温度下降越低,从周围环境吸收的热量越多。当周围环境传入的热量等于气化所需热量时,液体温度就稳定维持在某一比环境低的温度,这时如果用手去摸钢瓶的表面会感觉到钢瓶很凉。当钢瓶连接的燃具数增多时,用气量增加,气化量增加,吸热量增加。当环境温度不变时,为增加温度差,满足从周围环境吸收更多热量,液态液化气的温度必须降得更低。当用气量大到某一值,致使气化吸热很大,液体温度降至 0 ℃以下时,钢瓶的表面将结霜,使传热条件恶化,影响供气。解决的办法是增加供气钢瓶。

液相瓶组站液态液化气是通过人工热媒加热,吸收人工热媒的热量,使其温度高于常温而气化,这种气化方式称为强制气化。强制气化的特点是气化量大,气化后气态液化气与液态液化气的成分相同,但需添置气化加热设备(气化器),需耗能。另外,输气管线应降至适当压力输送,避免再液化的问题。液相瓶组站投资少,报建较为容易,建设速度快,常用于供气量较大的场合。

2.7.4 瓶组站安全操作规程

(1)操作人员必须经过安全技术培训,取得上岗操作证,否则不得擅自独立操作,必须穿戴好劳保用品。

(2)确认已充气的气相瓶出气阀处于关闭状态,无泄漏气味,严禁将气瓶角阀保护圆铁帽带入瓶组间。

(3)液相瓶移入瓶组间要垂直立放,禁止倒放、卧放。

(4)用专用胶管连接气瓶角阀与其相关各支管上的截止阀(DN15),注意检查胶管两端密封用的小胶圈是否存在并连接完好。

(5)检查确认无误后,先缓打开所用的气瓶角阀,然后慢慢打开气相支管的截止阀。

(6)液相管道压力表显示压力(0.4~0.5 MPa)后,再开启自动换向阀两端的球阀。

(7)调整调压阀,将出口压力调整到 0.015~0.02 MPa。

(8)以上操作确认无误后,慢慢打开外供气总阀。

(9)停气前先关闭气化器液相入口开关,待管道压力降到 0.03 MPa 以下时再关闭气化器出口开关。

(10)如首次使用或检修后需先使用氮气置换后方可通入石油气。

(11)当管道压力表显示压力降至 0.015 MPa 以下时,需更换液相瓶。

(12)液相瓶禁止在地上拖、拉,应使用专用运输工具或垂直斜旋移动。

(13)相继关闭气相支管上的截止阀和气瓶上的角阀。

(14)确认无误后,卸下气瓶端的专用胶管接头。

(15)将气瓶移出瓶组间,然后将气瓶角阀保护圆铁帽旋紧。

(16)工作完毕后应关闭电源、气源。每班工作完毕后,必须清扫工作场地。

第3章 库站设备设施

库站内的设备设施必须分区合理布置,以便满足安全管理的要求。通常库站分为生产区和生活辅助区,两区间采用2 m高的非燃烧实体墙隔离。生活辅助区包括生活及办公综合楼、发电机房、变配电房、消防水泵房、消防水池、维修车间等。生产区是站内进行液化石油气操作的整个区域,它又分成贮罐区和灌装区两个区域。贮罐区是设置贮罐的区域,属重大危险源,是事故防范重点区域。灌装区则包括汽车槽车装卸台、钢瓶充装台、钢瓶库、机泵房、槽车库等。生产区是甲类火灾危险区,应单独设立出入口及门卫,重点进行安全管理。

3.1 LPG贮罐

LPG贮罐是在常温下贮存液化石油气的容器,承受液化石油气的蒸气压,一旦管理不慎,产生泄漏,极易造成火灾爆炸事故,不但库站遭殃,而且波及库站周边工厂及居民。因此,LPG贮罐的安全技术管理要求高,LPG贮罐的材料、设计、制造、安装、改造、维修、使用管理和定期检查必须遵守《固定式压力容器安全技术监察规程》的规定,以确保安全。

目前我国液化石油气一般为混合液化石油气,主要成分为丙烷、丙烯和丁烷、丁烯。为了保证安全,取50 ℃时丙烷的饱和蒸气压1.71 MPa作为LPG贮罐的最高工作压力,而LPG贮罐的设计压力应高于贮罐的最高工作压力,取1.77 MPa,属于第三类压力容器。残液罐的设计压力一般取0.98 MPa,属于第二类压力容器。此外,移动式压力容器(如运输介质为液化气体、低温液体的铁路槽车、汽车槽车和汽车集装箱等)、球形贮罐(容器大于50 m³)和低温液体贮存容器(容积大于5 m³)均属于第三类压力容器。

压力容器属于特种设备,压力容器的使用单位应向特种设备监督管理部门进行登记,领取《压力容器使用登记证》。登记标志应当置于或者附着于该特种设备的显著位置。

3.1.1 贮罐区及安全保障设施

贮罐区(图3-1)主要设备是贮罐,贮罐是气站贮存液化石油气的设备。目前我国除了大型的液化石油气接收码头采用低温贮罐外,其余气站均采用常温压力贮罐。所谓常温压力贮罐,是指贮罐内的液化石油气在环境温度下贮存,贮罐承受着环境温度下的液化石油气饱和蒸气压,贮罐承受压力大,罐壁厚。以下所述贮罐均是常温压力贮罐。

贮罐区的布局必须严格遵守《城镇燃气设计规范》的要求,贮罐的设计温度为50 ℃,设计压力为1.77 MPa。贮罐的制造材料选材严格,一般选用焊接性能和冷加工性能良好

图 3-1　贮罐区

的低碳钢或低碳合金钢。贮罐按形状可分为卧式圆筒罐(简称卧罐)和球形罐(简称球罐)。卧罐主要由筒体、封头、人孔、支座等构成,应用于中小型液化石油气站。球罐主要由壳体、人孔和拉杆等构成,应用于大型液化石油气站。

贮罐按是否埋地分为地上贮罐和地下贮罐。

贮罐区贮存了大量液化石油气,根据液化石油气的物理特性和燃烧特性,一旦发生泄漏或火情,后果严重,所以贮罐区是气站安全管理的重中之重,切勿玩忽职守,心存侥幸,应切实保证贮罐区各项安全保障设施正常。贮罐区的安全保障设施简介如下。

3.1.1.1　喷淋水管

喷淋水管的作用是给贮罐冷却降温,凡是满足以下条件之一的,应启动喷淋水管给贮罐喷淋冷却降温:

(1)气站处于事故状态;

(2)夏季期间,贮罐压力达到 1.3 MPa;

(3)贮罐内液相温度达 35 ℃;

(4)室外气温超过 40 ℃。

另外,喷淋水应在贮罐表面形成水帘水膜,避免热辐射。控制开关在离贮罐 30 m 处。

3.1.1.2　消防栓、消防水炮

消防栓、消防水炮的作用是在事故状态下给贮罐冷却降温,驱散现场液化气,以及给抢险人员做掩护。使用中的消防水管网水压应达 3 kgf/cm² 以上,以满足射程、开花、喷淋的要求。LPG 库站的消防水系统应包括消防水池(罐或其他水源)、消防水泵房、给水管网、地上式消火栓和贮罐固定喷水冷却装置等,应遵守《城镇燃气设计规范》的规定。

3.1.1.3　灭火器

LPG 库站发生液化石油气泄漏着火,首先应切断气源,然后将火扑灭,再进行抢修。

扑灭液化石油气的火灾最常用的灭火器是干粉灭火器,也可使用二氧化碳灭火器。灭火器的配置应遵守《城镇燃气设计规范》的规定。

3.1.1.4　围堰或围堤

围堰或围堤的作用是阻止事故状态贮罐区泄漏的液化气迅速向外扩散,围堰高度为1 m。

3.1.1.5　水封井

《城镇燃气设计规范》规定,LPG 库站生产区的排水系统应采取防止液化石油气排入其他地下管道或低洼部位的措施。为了阻止贮罐区的液化气经排水管直接进入下水道,造成下水道液化气积存,形成危险,贮罐区排水必须经水封井。任何时候,水封井内的水位必须高于最低水位,才能起到水封的作用,如图 3-2所示。

图 3-2　水封井

3.1.1.6　不发火花地面(防静电地面)

贮罐区地面采用掺入铁屑的不发生火花的防爆地面敷设,可将人体上的静电荷导入地下。

3.1.1.7　防爆接地线(防静电接地线)

防爆接地线(防静电接地线)的作用是及时将液化石油气工艺系统产生的静电导入地下,避免静电积聚产生静电火花。静电接地设计应符合现行国家标准《化工企业静电接地设计规程》的规定。

3.1.1.8　静电消除器

静电消除器设置在贮罐区的入口处,人员进入贮罐区时,可触摸该静电消除器以将人体中的静电荷导入地下,以保安全,如图 3-3 所示。

3.1.1.9　防爆电气设备

防爆电气的选型按场所的爆炸危险等级进行。在防爆电气设备外壳的明显处,设置清晰的永久性凸纹标志"Ex"以示"防爆"。小型电气设备及仪器仪表可采用标志牌铆接或焊接在外壳上,也可采用凹纹标志。

3.1.1.10　消防通道

LPG 库站的生产区应设置环形消防车道。消防车道宽度不应小于 4 m。当贮罐总容积小于 500 m^3时,可设置尽头式消防车道和不小于 12 m × 12 m

图 3-3　静电消除器

(长×宽)的回车场。LPG 库站的生产区和生活辅助区至少应各设置 1 个对外出入口。当液化石油气贮罐总容积超过 1 000 m^3时,生产区应设置 2 个对外出入口,其间距不应小于 50 m。对外出入口宽度不应小于 4 m。

3.1.1.11 浓度探头

根据《石油化工可燃气体和有毒气体检测报警设计规范》规定,LPG库站的贮罐区、槽车装卸台、机泵房、钢瓶充装台、瓶库都应安装浓度探头,浓度探头的安装高度应距离地坪0.3～0.6 m。指示报警器设备应安装在有人值班的控制室。

3.1.1.12 防雷装置

LPG库站具有爆炸危险的建(构)筑物的防雷设计应符合现行国家标准《建筑物防雷设计规范》中"第二类防雷建筑物"的有关规定。一套完整的防雷装置包括接闪器、引下线和接地系统。接地系统通过冲击电流时的接地电阻成为冲击接地电阻。LPG库站的防雷装置的冲击接地电阻应不大于10 Ω。

3.1.2 LPG贮罐结构

贮罐上的附件包括出液管、进液管、气相管、排污管、温度计、压力表、安全阀、人工放散阀、液位计和人孔等,如图3-4所示。

操作阀在日常操作时起启闭管路的作用,为常闭阀,需要时才开。第一道阀和紧急切断阀是常开阀,在事故状态起切断管路的作用。图3-4中3和4为两条气相管,通常规定3是贮罐的进气管,4是贮罐的出气管。

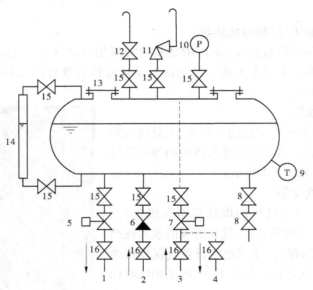

1—出液管;2—进液管;3、4—气相管;5、7—气动式紧急切断阀;
6—止回阀;8—排污阀;9—温度计;10—压力表;11—安全阀;
12—人工放散阀;13—人孔;14—液位计;15—第一道阀;16—操作阀

图3-4 LPG贮罐结构及附件

贮罐进液管
根部阀

贮罐出液管
根部阀

贮罐出液管
紧急切断阀

贮罐进液管
止回阀

贮罐出液管
操作阀

贮罐进液管
操作阀

贮罐进液管

贮罐出液管

贮罐气相管
根部阀

贮罐气相管
紧急切断阀

贮罐出气管
操作阀

贮罐进气管
操作阀

贮罐出气管

贮罐进气管

续图 3-4

安全阀是当贮罐、设备或管道的压力超过安全值（最高工作压力）时，自动开启，将一部分气体排出放散，使贮罐、设备或管道的压力恢复正常压力。安全阀的开启压力应小于贮罐、设备或管道设计压力。

气动式紧急切断阀是贮罐上重要的防护装置，在贮罐的气相管处和液相出液管处必须安装气动式紧急切断阀。气动式紧急切断阀的开关由氮气管路的压力控制，氮气管路的压力大于 0.3 MPa 时，紧急切断阀就可打开。罐区内若出现管道折损、阀门破裂、运行失误或发生火灾，为防止贮罐内液化石油气大量泄漏和由此而引发事故，可通过远离贮罐的氮气管路中放散阀放散氮气，使紧急切断阀关闭。气动式紧急切断阀为常开阀，LPG 库站有紧急按钮，按下后，罐区的全部气动式紧急切断阀将关闭。

3.1.3　LPG 贮罐安全附件

3.1.3.1　安全阀

液化石油气系统所使用的安全阀全部限定为弹簧式安全阀。贮罐上使用的安全阀一般为全启外置弹簧式安全阀，其结构如图 3-5 所示。

安全阀的开启压力不应大于贮罐的设计压力。设计图样或者铭牌上标注有最高允许工作压力的，也可以采用最高允许工作压力确定安全阀的开启压力。

安全阀出厂应当随带产品质量证明书，并且在产品上装设牢固的金属铭牌。安全阀的产品质量证明书与金属铭牌应当符合有关标准的要求。新安全阀在安装之前，应当根据使用情况进行调试后，才能安装使用。

安全阀安装的要求如下：

（1）安全阀应当铅直安装，装设在贮罐上部气相空间部分。

（2）安全阀应装放散管，放散管管口应高出贮罐操作平台 2 m 以上，且高出地面 5 m。

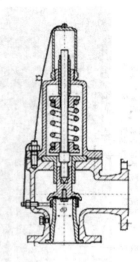

图 3-5　安全阀

（3）为便于安全阀的清洗、更换和校验，外置弹簧式安全阀与贮罐间应安装一只闸阀或截止阀，贮罐运行时必须处于全开状态，并加铅封。

（4）安全阀装设位置，应当便于检查和维修。

贮罐上的安全阀应每年至少校验一次。校验合格后，校验单位应当出具校验报告书，并对校验合格的安全阀加装铅封。

3.1.3.2　监控仪表

1. 压力表

液化石油气用压力表（见图 3-6）的量程以 2.5 MPa 为宜，压力表的精度不应当低于 1.6 级，常取 1.5 级，表盘直径不得小于 100 mm。

压力表的校验和维护应当符合国家计量部门的有关规定，要求半年校验一次。压力表安装前应当进行校验，在刻度盘上应当画出指示最高工作压力的红线，注明下次校验日期。压力表校验后应当加铅封。

图 3-6　压力表

压力表的安装要求如下：

（1）装设位置应当便于操作人员观察和清洗，且应当避免受到辐射热、冻结或震动的不利影响。

（2）压力表与压力容器之间，应当装设三通旋塞或针形阀；三通旋塞或针形阀上应当有开启标记和锁紧装置；压力表与压力容器之间，不得连接其他用途的任何配件或接管。

2. 温度计

LPG 贮罐温度计的感温元件安装于金属套管内，插入贮罐液相，监测 LPG 液相温度。其测温范围在 -40 ~60 ℃ 之间，应在 40 ℃ 和 50 ℃ 处标示警戒温度红线，通常选用表盘式压力指示温度计或双金属温度计，如图 3-7 所示。表盘式压力指示温度计是通过气体温泡压力随温度变化而变化来测量温度的。双金属温度计的测温元件是一端固定,另一端连接指针的螺旋形双金属片,螺旋形双金属片随温度变化带动指针转动一定角度来测量温度。温度计应当经计量部门定期校验,通常 1 年校验一次,并应经常检查。

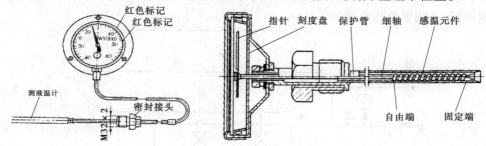

图 3-7　表盘式压力指示温度计(左)、双金属温度计(右)

3. 液位计

液位计用于指示贮罐液位的高度,反映贮罐贮存量。贮罐上使用的液位计有双面玻璃板式液位计、机械传动浮子式液位计和磁性浮子式液位计。常用双面玻璃板式液位计,如图 3-8 所示。双面玻璃板式液位计是利用连通器的原理,透过玻璃观察得到贮罐内的准确液位。

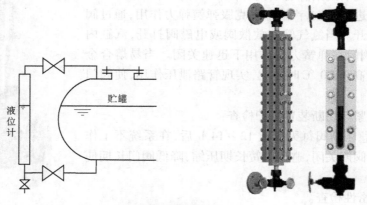

图 3-8　贮罐液位计

《固定式压力容器安全技术监察规程》规定,液位计在安装前应当进行 1.5 倍液位计公称压力的液压试验。液位计应当安装在便于观察的位置。液位计上应当标示最高液位红线。LPG 库站运行操作人员,应当加强对液位计的维护管理,保持完好和清晰。

3.1.3.3　紧急切断装置

贮罐出液管和气相管应安装紧急切断阀。图 3-9 是 LPG 库站的气动式紧急切断装置系统图。气动式紧急切断阀在日常操作运行时应常开,在事故状态紧急关闭。打开气动式紧急切断阀的介质是压缩氮气或空气。压缩氮气从氮气瓶 1 引出,经减压阀 3 减压后输入氮气管路,当氮气管路压力表压力上升至≥0.5 MPa 时,贮罐底的气动式紧急切断阀就会打开,这时应关闭氮气瓶角阀 2 停止输气,关闭进气阀 5,保持氮气管路的压力,使气动式紧急切断阀 8 保持常开状态。当事故状态需紧急切断气源时,可迅速打开放散阀 6 (或按下紧急停产按钮,打开电磁阀 7 放散),使氮气管路压力为 0,紧急切断阀在弹簧的作用下紧急关闭。氮气管路上有易熔合金 9,当发生火灾时,被加热至(70 ±5)℃时熔化而放散氮气,关闭紧急切断阀。

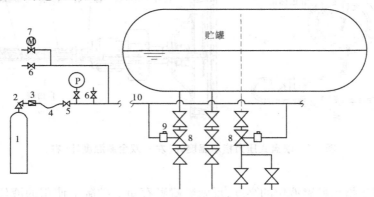

1—氮气瓶;2—角阀;3—减压阀;4—高压软管;5—进气阀;

6—放散阀;7—电磁阀;8—气动式紧急切断;9—易熔合金;10—氮气管路

图 3-9　气动式紧急切断装置系统图

贮罐的气动式紧急切断阀如图 3-10 所示。压力≥0.5 MPa 的氮气进入汽缸,汽缸活塞克服弹簧弹力作用,通过阀杆将阀门打开。当氮气管路放散阀或电磁阀打开,汽缸内压力为零,阀门在弹簧力的作用下迅速关闭。当易熔合金周围的温度高于 70 ℃时熔化,实现管路泄压作用,使阀门关闭。

气动式紧急切断装置维护检查:

(1)紧急切断阀每天开放 12 ~ 14 h 后,在系统不工作时应及时将阀瓣关闭,避免弹簧长期压缩,降低阀门长期使用的可靠性。

(2)严密性检查。

①定期检查高压氮气管路的严密性。

②气动式紧急切断阀开启后,定时检查记录高压氮气

图 3-10　气动式紧急切断阀

管路的压力。压力低于 0.5 MPa,及时加压,确保其开启状态。

(3)有效性检查。

①气动式紧急切断阀应能在高压氮气管路泄压后 10 s 内迅速关闭,以在事故状态下迅速切断气源。

②气动式紧急切断阀在 0.5 MPa 气压下全开,并保证 48 h 内不自然关闭。

3.1.3.4　止回阀

贮罐的进液管、烃泵出液管和压缩机出气管应安装止回阀,防止液体回流。旋启式止回阀的结构如图 3-11 所示。旋启式止回阀是通过可绕转轴做旋转运动的阀瓣实现 LPG

只能向一个方向流动,以防止事故发生。

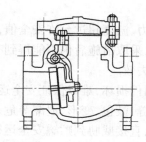

图 3-11　旋启式止回阀

3.1.3.5　LPG 拉断阀

　　LPG 拉断阀(3-12)安装于槽车装卸台高压软管上,当拉断阀承受的拉力大于额定值时,该阀会自动断开,并且在断开处两头自动密封,防止气管被拉断而引起泄漏,避免造成人员伤亡和设备损失,拉断阀可人工复位并可重复使用。

3.1.4　LPG 贮罐的维护保养

3.1.4.1　LPG 贮罐的日常维护与保养项目

　　(1)贮罐的防腐层是否有破裂、脱落现象。
　　(2)贮罐外表面有无裂纹、变形等现象。
　　(3)贮罐的接管焊缝、受压元件有无泄漏。
　　(4)紧固螺栓是否完好,有无松动现象。
　　(5)地基有无下沉、倾斜异常现象。

图 3-12　拉断阀

　　(6)静电接线是否完好,有无腐蚀、断裂。
　　(7)消防水管及喷头是否完好、正常。
　　(8)梯子、平台等设施是否完好。
　　(9)贮罐基础是否完好,有无异常情况。

3.1.4.2　贮罐的日常运行安全

　　(1)运行人员必须严格遵守各项安全操作规程。
　　(2)经检修贮罐或新贮罐投入使用必须进行检查。
　　(3)贮罐必须严格控制灌装量,严禁超量灌装,贮罐的体积充装系数为 85%。
　　(4)定期检查贮罐上所有阀门的严密性及灵活性,经常检查管线的泄漏情况。
　　(5)每天定时对贮罐进行检查,定时详细记录各贮罐的压力、温度、液位和存储量。
　　(6)贮罐压力表、温度计应标定最高度数红线,应定期校验。压力表半年校验一次,温度表每年校验一次,如有失灵应及时更换。
　　(7)贮罐液位计应标定最高液位红线,定期清洗,保证液位清晰可见。
　　(8)贮罐安全阀每年检验一次,开启压力应为不大于贮罐的设计压力。
　　(9)夏季期间,当贮罐压力达到 1.3 MPa,罐内液相管温度达 35 ℃,或室外气温超过

40 ℃时,必须启动喷淋降温。

(10)发现气体泄漏,应采取措施堵漏,不准使用黑色金属工具敲打贮罐及附件。

(11)当贮罐发生下列异常现象时,操作人员应立即采取紧急措施,并及时向主管领导报告:

①贮罐的压力、温度超过允许安全值,采取措施后仍不能得到有效控制。

②超量灌装,采取措施后仍不能得到有效控制。

③安全附件失效。

④接管、紧固件损坏,难以保证安全运行。

⑤贮罐有裂缝、鼓包、变形、泄漏等危及安全的缺陷。

⑥发生火灾,直接威胁到贮罐安全运行。

⑦贮罐与管道发生严重振动,危及安全运行。

3.1.4.3 贮罐的定期检验

根据《固定式压力容器安全技术监察规程》规定,在用压力容器,应当按照《压力容器定期检验规则》《锅炉压力容器使用登记管理办法》的规定,进行定期检验、评定安全状况等级和办理注册登记。

外部检验是指在贮罐运行中的定期检查,每年至少1次。

全面检验是指在用贮罐停机时的检验,贮罐投入运行满3年进行1次全面检查,下次的全面检验周期,由检验机构根据贮罐的安全状况等级确定:

(1)安全状况等级为1、2级的,一般每6年一次。

(2)安全状况等级为3级的,一般3~6年一次。

(3)安全状况等级为4级的,应当监控使用,其检验周期由检验机构确定,累计监控使用时间不得超过3年。在监控使用期间,应当对缺陷进行处理,否则不得继续使用。

(4)安全状况等级为5级的,应当对缺陷进行处理,否则不得继续使用。

贮罐安全状况等级的评定按《压力容器定期检验规则》进行。符合规定条件的,可以按《压力容器定期检验规则》要求适当缩短或者延长全面检验周期。

外部检验的主要内容如下:

(1)贮罐的防腐层、保温层和设备铭牌是否完好。

(2)贮罐外表面有无裂纹、变形、局部过热等异常现象。

(3)贮罐的接管焊缝、受压元件等有无泄漏。

(4)安全附件和控制装置是否齐全、灵敏、可靠。

(5)紧固螺栓是否完好,基础有无下沉、倾斜等异常现象。

全面检验的主要内容如下:

(1)外部检验的全部项目。

(2)液化气贮罐内外表面和开孔接管处有无介质腐蚀或冲刷磨损等现象。

(3)贮罐的所有焊缝、封头过渡区和其他应力集中的部位有无断裂或裂纹。

(4)罐体内外表面有腐蚀等现象时,应对有怀疑部位进行多处壁厚测量。测量的壁厚如小于设计最小壁厚,应重新进行强度核定,并提出可否继续使用和允许最高工作压力的建议。

（5）罐体内壁有脱炭、应力腐蚀、晶间腐蚀和疲劳裂纹等缺陷时，应进行金相检验和表面硬度测定，并提出检验报告。

（6）对主要焊缝或壳体进行无损探伤抽查，抽查长度为容器焊缝总长度或壳体面积的 20%。

3.2　LPG 槽车

3.2.1　LPG 槽车的类型

3.2.1.1　固定式槽车

固定式槽车的罐体永久性固定在载重汽车底盘大梁上，一般采用螺栓连接，罐体与汽车底盘组成一个整体，能够经受运输过程中的剧烈震动，再配备设置完善的装卸系统和安全附件，就构成了一辆运输液化石油气的专用车辆。它具有牢固、美观、使用灵活、方便、稳定、安全等优点，如图 3-13 所示。

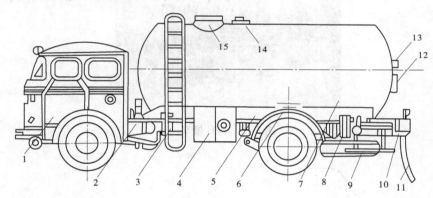

1—驾驶室；2—气路系统；3—梯子；4——阀门箱；5—支架；6—挡泥板；7—罐体；8—固定架；
9—围栏；10—后保险尾灯；11—接地带；12—旋转式液位计；13—铭牌；14—内置式安全阀；15—人孔

图 3-13　固定式槽车

3.2.1.2　半拖挂式槽车

半拖挂式槽车由牵引汽车拖动装有罐体的挂车。大多数半拖挂车只有后轴一组轮胎，前部都是通过转盘与牵引车的后轴支点连接的。半拖挂式槽车一般车身较长，运输量大，整体灵活性较差，对公路的通过性要求较高，如图 3-14 所示。

3.2.2　LPG 槽车装卸系统及附件

3.2.2.1　LPG 槽车装卸系统

LPG 槽车（图 3-15）是液化石油气的输送设备，其设计、制造、使用和检验应严格执行《液化气体汽车槽车安全监察规程》的规定。在槽车左右两侧各有一套独立的装卸系统，槽车装卸操作的设备、阀门和仪表均集中设置在阀门箱内。LPG 槽车的装卸系统管路如图 3-16 所示。

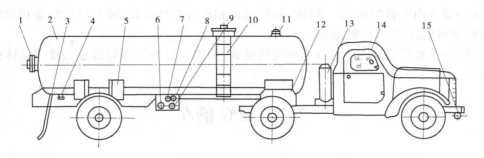

1—人孔、液位计;2—罐体;3—接地带;4—排污管;5—后支座;6—液相管;7—温度计;8—压力表;
9—气相管;10—梯子;11—安全阀;12—前支座;13—备用胎;14—驾驶室;15—消音器

图3-14　半拖挂式槽车

图3-15　LPG 槽车

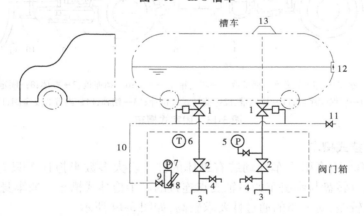

1—油压式紧急切断阀;2—操作阀;3—快速接口;4—放散阀;5—压力表;6—温度表;7—油压表;
8—手摇油泵;9—泄压阀;10—高压油路;11—事故泄压阀;12—液位计;13—安全阀护盖

图3-16　LPG 槽车的装卸系统管路

一套槽车装卸系统由气相管路和液相管路组成。罐底油压式紧急切断阀通过高压油路的油压打开,当油路油压大于 3 MPa 时,油压式紧急切断阀就打开,实现槽车装卸的操作。若槽车装卸完毕,可打开油路泄压阀将高压油回流油泵油缸,使油路压力下降为 0,

从而使紧急切断阀关闭。当装卸台发生 LPG 泄漏或发生火灾，无法操作泄压阀时，可通过安装在车尾的事故泄压阀将油路泄压或油路上的易熔合金熔化泄压，使紧急切断阀关闭，避免事故扩大。一些油压式紧急切断阀还具有过流关闭的功能。

放散阀的作用如下：

（1）快速接头接牢后，排除接头内的空气。

（2）拆快速接头前，必须先将高压软管和快速接头内的液化石油气放散泄压，避免拆快速接头时，接头在压力下弹出，伤及操作人员。

（3）液相管上的放散阀还可判断槽车内的液态液化气是否卸完。

3.2.2.2　紧急切断装置

在 LPG 槽车罐体与液相管、气相管接口处必须装设一套内置式紧急切断装置，以便在管道发生大量泄漏时进行紧急止漏。紧急切断装置应包括紧急切断阀、远程操纵系统和易熔合金自动切断装置三部分。其中，槽车用紧急切断阀有机械式和油压式两种。下面介绍带过流保护功能的油压式紧急切断阀。

LPG 槽车罐体的紧急切断阀（图 3-17）是常关阀，当装卸车时，关闭泄压阀，摇动手摇泵手柄，向高压油路注入高压油，当油路油压升至 3 MPa 以上时，紧急切断阀打开，关闭泄压阀，保持油路油压在 3 MPa 以上，使紧急切断阀保持打开的状态，直至装卸车作业结束，打开泄压阀，使高压油回流至油缸内，油路油压下降至 0，紧急切断阀关闭。遇到以下情况，需紧急切断管路：

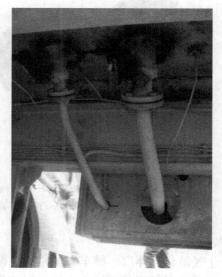

图 3-17　紧急切断阀

（1）阀门箱内装卸球阀故障泄漏，无法止漏时，应立即打开泄压阀（图 3-18），关闭紧急切断阀止漏。若无法靠近阀门箱打开泄压阀，可通过槽车尾部的事故泄压阀，远程关闭紧急切断阀。

（2）当出现大面积火灾，无法靠近槽车时，阀门箱（图 3-19）内位于手摇油泵的易熔合金塞被加热至（70±5）℃时熔化，油路泄压，使紧急切断阀关闭。

（3）因操作失误或管路破裂，瞬间造成大量 LPG 外泄，流过紧急切断阀的流体流速过高，紧急切断阀内的过流装置自动关闭，切断气源。

图 3-18　泄压阀

LPG 槽车内置油压式紧急切断阀结构如图 3-20 所示。

油缸 9 与高压油路连接，当油路油压达到 3 MPa 以上时，油缸活塞杆克服拉簧的拉力，使凸轮推动阀杆，克服主弹簧作用力，打开先导阀，液体从主阀瓣与阀杆之间流向下游，直至主阀上下游压力平衡后，过流弹簧将主阀打开。当瞬间出现大量 LPG 外泄，导致流速超限时，主阀上下游压力差大于过流弹簧的作用力，使主阀迅速关闭，避免事故的扩

图 3-19　阀门箱

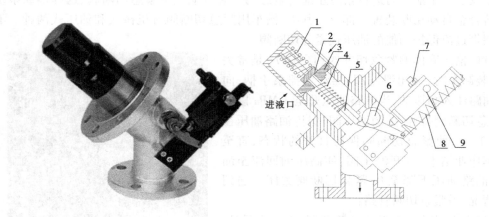

1—主弹簧;2—先导阀瓣;3—主阀瓣;4—过流弹簧;5—阀杆;
6—凸轮;7—高压油路接口;8—拉簧;9—油缸
图 3-20　油压式紧急切断阀结构

大。

《液化气体汽车槽车安全监察规程》对紧急切断阀有以下要求:

(1)易熔塞的易熔合金熔融温度为(70±5)℃。

(2)油压式或气压式紧急切断阀应保证在工作压力下全开,并持续放置 48 h 不致引起自然闭止。

(3)紧急切断阀自始闭起,应在 10 s 内闭止。

(4)紧急切断阀制成后必须经耐压试验和气密试验合格。

(5)受液化气体直接作用的部件,其耐压试验压力应不低于罐体设计压力的 1.5 倍,保压时间应不少于 10 min;耐压试验前后,分别以 0.1 MPa 和罐体设计压力进行气密性试验。

(6)受油压或气压直接作用的部件,其耐压试验压力应不低于工作介质最高工作压力的 1.5 倍,保压时间应不少于 10 min。

(7)紧急切断阀在出厂前应根据有关规定和标准的要求进行振动试验和反复操作试验合格。

3.2.2.3　安全附件

1. 安全阀

槽车上采用内置全启式弹簧安全阀,外露罐体高度不得超过 150 mm。内置全启式弹簧安全阀有上导式和下导式两种,结构如图 3-21 和图 3-22 所示。

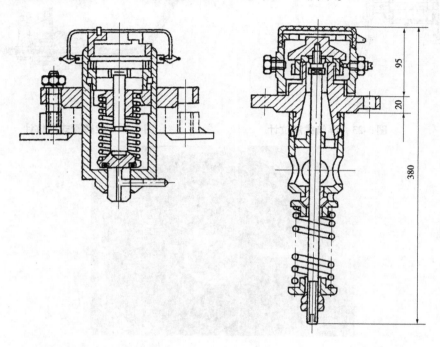

图 3-21　上导式弹簧安全阀　　　　图 3-22 下导式弹簧安全阀

上导式弹簧安全阀的弹簧与液化气隔开,避免了液化气对弹簧的腐蚀作用,结构复杂。下导式弹簧安全阀弹簧与液化气相接触,结构简单,液化气对弹簧有腐蚀作用,弹簧需采取特殊的防腐措施。

2. 液位计

槽车上采用浮筒式液位计或旋转管式液位计,如图 3-23 和图 3-24 所示。

LPG 槽车旋转管式液位计(图 3-25)通过旋转弯管管口的高度至液面位置,使放散孔喷出白色气雾,从而通过随弯管旋转的指针指示相应的液位。使用旋转管式液位计观测液位时,应先将弯管管口旋至最高液位,打开放散孔将放散管内液体排净,待喷出透明气体后,缓慢向下旋转弯管,当旋至放散孔喷出白色气雾,指针指示的液位就是槽车内的液位。观察到液位后应将弯管管口旋离液相至气相,关闭放散孔。使用浮筒式液位计时,当槽车内液位变化时,浮筒随之上下运动,浮筒通过机械机构带动一块磁铁旋转,磁铁转动带动罐体外用磁化材料造成的指针指示出液位。

3. 接地带

接地带要求自由下垂与地面接触,及时导走槽车行驶时产生的静电。

4. 消防器材

槽车上的电气设备应采用防爆型的电气设备,槽车每侧应有一只 5 kg 以上的干粉灭

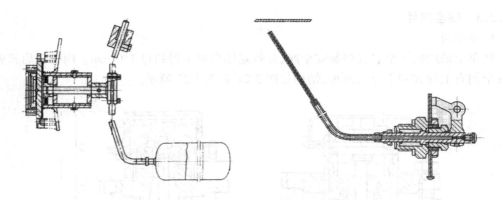

图 3-23　浮筒式液位计　　　　　图 3-24　旋转管式液位计

图 3-25　LPG 槽车旋转管式液位计

火器。

5.排气管灭火装置

防止汽车油料燃烧不完全,重新接触空气后燃烧,产生火星,必须在排气管装灭火装置。

6.压力表和温度计

为了监测槽车罐体内液化气的压力和温度,汽车槽车上必须装设压力表和温度计,压力表和温度计装设在阀门箱内。

按《液化石油气汽车槽车安全监察规程》规定,罐体上必须装设至少一套压力测量装置,其精度不低于1.5级。最大量程为罐体设计压力的2倍左右,并应在液化气50 ℃时的饱和蒸气压或最高工作压力处涂以红线标记。压力表应定期由计量部门进行校验,校验周期为6个月一次,失灵或损坏的不得使用。

温度计测量液化气液相温度,测量范围应为 -40~60 ℃,并应在40 ℃和50 ℃处涂以警戒红线。温度计应定期由计量部门校验,失灵和损坏的不得使用。

3.2.3　LPG 槽车的定期检验

槽车的定期检验分为年度检验和全面检验,年度检验每年至少进行一次,全面检验每6年至少进行一次,罐体发生重大事故或停用时间超过1年的,使用前应进行全面检验。

罐体及其安全附件按《在用压力容器检验规程》和《液化石油气汽车槽车安全监察规程》的要求进行清洗、置换和检验，并按要求出具检验报告。底盘的检查按汽车使用及保养说明书和车辆管理部门的有关规定进行。

罐体年度检验的内容如下：

（1）罐体技术档案资料审查。

（2）罐体表面漆色、铭牌和标志检查。

（3）罐体内外表面，有无裂纹、腐蚀、划痕、凹坑、泄漏、损伤等缺陷检查。

（4）罐体对接焊缝内表面和角焊缝全部进行表面探伤检查；对有怀疑的对接焊缝进行射线或超声波探伤检查。

（5）安全阀、爆破片装置、紧急切断装置、液面计、压力表、温度计、导静电装置、装卸软管和其他附件的检查和校验。

（6）罐体与底盘的紧固装置检查和测量导静电带电阻。

（7）气密性试验。

罐体全面检验的内容如下：

（1）罐体年度检验的全部内容。

（2）罐体外表面除锈喷漆。

（3）测定罐体壁厚。

（4）耐压试验。

3.3　LPG 汽车槽车装卸台

LPG 汽车槽车装卸台（图 3-26）的作用是快速连接汽车槽车与 LPG 库站的工艺管线，实现槽车的装卸。《城镇燃气设计规范》列出了对汽车槽车装卸台的基本要求，必须严格执行。LPG 汽车槽车装卸台上的管线设备如图 3-26 所示。

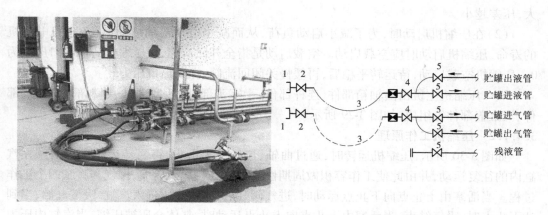

1—快速接头；2—Y 型阀；3—高压软管；4—装卸台总阀；5—工艺管线末端阀

图 3-26　LPG 汽车槽车装卸台

LPG 汽车槽车装卸台为了避免接管时气、液相管错接，气相快速接头、阀门及高压软

管的管径与液相快速接头、阀门及高压软管的管径不同。

LPG 库站的操作阀门常用球阀,但高压软管末端的阀门应采用 Y 型阀,原因是在快速接头连接不牢的情况下,若操作人员开关阀门过快,快速接头弹出,将伤及操作人员。球阀转 90°就全开全关,开关速度太快,不宜用于此处。Y 型阀全开全关手轮要转几圈,开关速度慢,有利于及时发现快速接头的连接不牢。

3.4　LPG 压缩机

3.4.1　压缩机的结构原理

3.4.1.1　压缩机主体结构

压缩机是对液化石油气气体加压的设备,主要用于 LPG 库站的槽车装卸、罐区倒灌、钢瓶充装、钢瓶残液回收等工艺。LPG 库站使用活塞式压缩机,正常情况下至少可提供 0.2 ~ 0.3 MPa 的进出口压差。

液化石油气站常见的压缩机有 ZW – 0.95/8 – 12 型、2DG – 1.5/16 – 24 型。

(1)ZW – 0.95/8 – 12 型:Z 表示汽缸为立式,W 表示汽缸排列型式,排气量为 0.95 m³/min,进、排气压力分别为 0.78 MPa(8 kgf/cm²)和 1.18 MPa(12 kgf/cm²)。

(2)2DG – 1.5/16 – 24 型:2 表示该压缩机的汽缸为两列,DG 表示对称平衡式,压缩机的排气量为 1.5 m³/min,吸气压力为 1.57 MPa(16 kgf/cm²),排气压力为 2.35 MPa(24 kgf/cm²)。

压缩机结构如图 3-27 所示。

压缩机与工艺管线的连接及其进出口管线上的阀门与仪表如图 3-28 所示。

回流阀的作用如下:

(1)用于调节压缩机进出口压差。回流阀开度越小,进出口压差越大;反之,开度越大,压差越小。

(2)在压缩机启动时,为了减小启动负荷,从而减小电动机的启动电流,延长电动机的寿命,压缩机启动时应空载启动。空载启动是指全开回流阀,让压缩机的进出口压差为 0。压缩机空载启动,待运转平稳后,再缓慢关闭回流阀,提高出口压力。

LPG 压缩机主机由曲轴箱部件、连杆部件、十字头部件、活塞部件、填料部件、油泵部件、汽缸盖部件等组成,如图 3-29 所示。

3.4.1.2　压缩机工作原理

如图 3-30 所示,压缩机运转时,通过曲轴、连杆及十字头,将回转运动变为活塞在汽缸内的往复运动,并由此使工作容积做周期性变化,完成吸气、压缩、排气和膨胀四个工作过程。当活塞由上止点向下止点运动时,进气阀开启,气体介质进入汽缸,吸气开始;当到达下止点时,吸气结束;当活塞由下止点向上止点运动时,气体介质被压缩,当汽缸内压力超过其排气管中背压时,排气阀开启,即排气开始,活塞到达上止点时,排气结束。活塞再从上止点向下止点运动,汽缸余隙中的高压气体膨胀,当吸气管中压力大于正在汽缸中膨胀的气体压力,并能克服进气阀弹簧力时,进气阀开启,在此瞬间,膨胀结束,压缩机就完

1、2—进出口管线接口;3—四通阀;4—气液分离器;5—排液阀;6—汽缸进气管;
7—汽缸盖;8—进气压力表;9—出气压力表;10—安全阀;11—汽缸出气管;
12—润滑油箱;13—润滑油压力表;14—电动机

图 3-27　压缩机结构

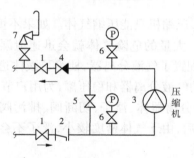

1—进气、出气操作阀;2—Y 型过滤器;3—压缩机四通阀;
4—止回阀;5—回流阀;6—压力表前阀;7—安全阀

图 3-28　压缩机管线图

成了一个工作循环。

3.4.1.3　压缩机的润滑

压缩机机体内的润滑有两种方式:一是采用压力润滑,它是由油泵将润滑油注入各运动部件的所有摩擦部位进行润滑的;二是采用飞溅式润滑,它是由设置在连杆大头端的打油杆拍击曲轴箱底部的油面,使油滴飞溅,用以润滑曲轴两端滚动轴承、连杆大小头瓦、十字头滑道等摩擦部位。无论是压力润滑还是飞溅式润滑,在机体的上部,由于填料的阻断,润滑油都不能进入汽缸。汽缸与活塞环、活塞杆与填料的润滑则采用干润滑,它是由自润滑材料——特殊配方的聚四氟乙烯制成的填料环、活塞环、导向环来实现无油润滑的,因而汽缸内不需注油,使被压缩的介质保持纯净。一般采用压力润滑。

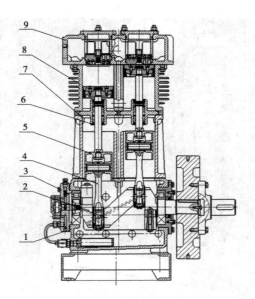

1—曲轴箱部件;2—曲轴部件;3—油泵部件;
4—连杆部件;5—十字头部件;6—填料部件;
7—中体部件;8—活塞部件;9—汽缸盖部件

图 3-29　LPG 压缩机主机结构

3.4.1.4　气液分离器

　　由于液体的不可压缩性,压缩机只能压缩气体。如果不慎使液体进入汽缸,就会产生"液击",使压缩机严重损坏。大量的危险气体就会迅速泄漏出来,造成重大事故。为防止"液击"事故发生,压缩机配置了气液分离器,杜绝了液体进入压缩机,确保了压缩机的安全运行,同时免除了庞大的气液分离器和稳压罐,为用户节省了投资。

　　气液分离器(图 3-31)由分离器体、浮子、切断阀、排污阀等组成。在正常情况下,气体经过进气过滤器进入筒体后,由于气体密度较小,浮子不会上升,气体顺利通过切断阀流进压缩机,压缩机正常运转。

　　若是液体进入筒体,液体的浮力就会把浮子托起,并关闭切断阀,使液体不能进入压缩机。一旦发生"进液",应首先关闭气相管线上的进排气阀门,切断电动机的电源开关。然后查找进液原因。解决办法是打开气液分离器下方的排液阀门,将筒内的液体排出,此刻压缩机的进气压力表仍在零位,即使气液分离器内存液已经排净,但浮子仍被吸住,为使浮子复位,应先关闭进气管线上的阀门,后打开排液阀,使 1～9 排气腔的高压气体回流到进气腔。此时可以听到一声沉闷的轻响,表明浮子已经下沉复位,浮子复位后,即可按规定程序继续启动压缩机运行。注意,若此时气相管线内的液体没有排净,再次开车时,还会再次进液。因此,应将气相管线内的液体排净。

3.4.1.5　四通阀

　　压缩机四通阀(图 3-32)的作用是切换压缩机进出口管线,但为了使工艺流程更清晰,避免错开阀门,一般不宜使用。因此,压缩机的进气管和出气管都是确定的,不允许切换。压缩机的进气管与贮罐的出气管相连,压缩机的出气管与贮罐的进气管相连。

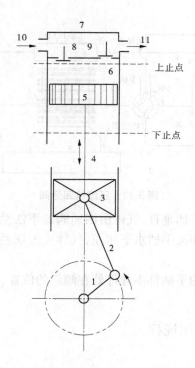

1—曲轴;2—连杆;3—十字头滑块;4—活塞杆;
5—活塞;6—汽缸;7—汽缸盖;8—吸气阀;
9—排气阀;10—进气管;11—排气管

图 3-30　压缩机工作原理图

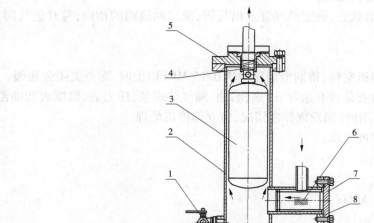

1—排污阀;2—分离器体;3—浮子;4—切断阀;
5—分离器上盖;6—过滤器;7—过滤器盖;8—O 形密封圈

图 3-31　气液分离器

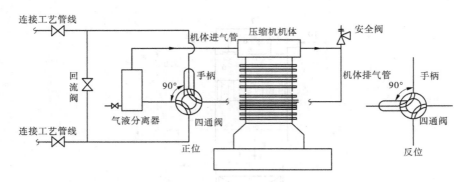

图 3-32 压缩机四通阀

正位时,两位四通阀的手柄垂直,气体由四通阀的下法兰口进入机组,压缩后由上法兰口排出,即低进高出;反位时,手柄水平向左,气体由上法兰口进入机组,压缩后由下法兰口排出,即高进低出。

在任何情况下,四通阀的手柄都不允许处在倾斜的位置,否则将堵塞压缩机的进排气通道。

3.4.2 压缩机的安全操作规程

3.4.2.1 准备工作

(1)检查机体地脚螺栓是否松动。

(2)手动盘车 2 ~ 3 转,无杂音、卡机现象;检查皮带是否松动、老化。

(3)排除气液分离器内的残液。

(4)检查润滑油油量是否足够。

(5)检查管线阀门开启状态,确定进气管及出气管,确定四通阀的指向;打开进气阀、出气阀和回流(旁通)阀。

3.4.2.2 启动运转

(1)接通电源,使压缩机空转,待润滑油压力达 0.15 MPa 以上时,缓慢关闭旁通阀。

(2)运转时,应经常检查是否有杂音、过热、漏油、漏气等现象,压力表、温度表和油温表的指示值是否在额定范围内,如发现异常情况,应立即停机处理。

(3)运行时的压力、温度要求:

①排气温度≤100 ℃;

②润滑油温度≤60 ℃;

③润滑油压力≥0.15 MPa;

④进气压力≤1.0 MPa;

⑤排气压力≤1.5 MPa;

⑥排气与进气压差 <0.5 MPa。

3.4.2.3 停车

(1)使用完毕,切断电源,使压缩机停转。

(2)先开启旁通阀,再关闭进气阀、出气阀和旁通阀。

3.4.3　压缩机的维护与保养

3.4.3.1　维护保养主要内容

（1）定期检查地脚螺丝和各紧固件是否牢固。

（2）及时清除机身及周围环境的油污、水污和灰尘。

（3）气液分离器的排污阀至少应每班排泄一次。

（4）各操作阀丝杠和连接螺丝涂黄油保护。

（5）进、排气阀门每月检查清洗一次。

（6）定期对安全阀、压力表和防爆接地进行校验测试。安全阀每年至少校验一次，压力表每半年至少校验一次，接地防爆设施每半年测试一次。

（7）对采用皮带传动的压缩机，当发现皮带打滑老化时，应及时进行更换。

（8）定期更换润滑油。若是新安装或经大修后的压缩机，在运行48 h后应清洗过滤器，更换一次机油。正常运行后每季度更换一次，更换时机油应进行过滤处理。润滑油应保持在油窗的1/2以上或者保持在润滑油标尺的两刻度范围中间。

3.4.3.2　日常维护保养

（1）每次开车前的检查内容：管线上阀门的开关位置是否正确；排液阀是否排放、关好；压缩机及管线有无泄漏；两位四通阀的位置是否正确；润滑油是否足够。

（2）每次开车时的监护内容：进气温度；排气温度；进气压力；排气压力；压缩机运行时的声音是否正常；有无漏油、漏气现象。

（3）每天保养内容：擦净机器表面上的灰尘，保持外表清洁。

3.4.3.3　维护保养检查方法

（1）检查三角带的松紧：用拇指按压皮带，以下沉20～30 mm为宜。

（2）清洗过滤器内的滤网：卸下过滤器的端盖，取出滤芯，拆下滤网，用清洗剂反复清洗滤网的脏物，晾干。在滤芯的内端有一垫片，亦应清洗。擦洗过滤器体的内壁，然后按原样装回。注意：清洗后的过滤网内部不允许有绒毛或其他脏物。

（3）检查保养两位四通阀：检查两位四通阀，主要是检查四通阀有无内外泄漏。外泄漏可用肥皂水检查。内泄漏要停车检查，其方法是，将手柄置于正位，关闭管线上的进气阀门，必须确认此阀门没有内漏，打开排液阀，把压缩机内的余气排空，开启管上的排气阀门，此时气相管线上的带压气体回流至两位四通阀，若有泄漏，气体会从排液阀处流出。由此可以判断两位四通阀是否有内泄漏。如果两位四通阀有外泄漏，则须更换井盖上的O形密封圈。如果有内泄漏，应更换阀芯上的O形密封圈。

（4）检查进、排气阀片及弹簧：关闭管线上的进气阀门，压缩机短暂运行，此时进气压力表会立刻降至零位，若是不能降至零位，说明气阀片或弹簧有损伤，或者被脏物卡住，当然也有可能是压力表坏了。

（5）检查填料泄漏：将呼气阀出口处的$\phi 7$塑料管外端插入油中，允许有连续泡形成，若是形成沸腾状，听到气流声音，则说明须更换新的填料，更换填料必须由经制造厂培训的合格的熟练检修工进行。一般情况下，冬季温度低时，由于填料冷缩，其泄漏量可能会多些。夏季或在运转时，因温度升高，其泄漏量会减少。这些都是正常现象，不需要更换填料和检修。

3.4.3.4　定期维护保养

（1）更换润滑油：新安装或经大修的压缩机，在运行48 h后应清洗过滤器。换油时，应以清洁的不带绒毛的棉布将曲轴箱内擦洗干净，然后注入新的润滑油。以后每隔半年或工作1 000 h换油一次。

（2）每隔一年或每工作2 000 h时，拆卸检查压缩机的进、排气阀片及弹簧的完好情况。

（3）原则规定每隔一年或每工作2 000 h，拆卸检查活塞环的磨损情况，若是活塞环平放在汽缸内，其开口尺寸达到4 mm以上，则应更换活塞环。同时检查活塞环上的四个螺钉是否松动。

（4）原则规定每隔一年或每工作2 000 h，拆卸检查填料并予以更换，但若是由 $\phi 7$ 塑料管泄漏出来的气量没有明显增加，则不需拆卸更换，反之应提前拆卸更换。

（5）每隔一年或每工作2 000 h，打开曲轴箱侧盖和中体侧盖，检查连杆大头瓦与曲拐轴颈的间隙是否正常，检查连杆小头瓦与十字头销的间隙是否正常，检查十字头与滑轨的间隙是否正常，检查平衡铁螺钉锁紧垫片是否松动，检查活塞杆的锁紧垫片是否松动，检查连杆螺栓上的开口销是否完好。所有这些检查都不需要拆卸零件，只要目测和手感即可。

3.4.3.5　常见故障

活塞式压缩机常见故障原因分析及处理方法见表3-1。

表3-1　活塞式压缩机常见故障原因分析与处理方法

故障现象	故障原因	处理方法
压缩机有不正常声音	汽缸内存有液相	清除进入汽缸的液体
	气阀松动	检查紧固
	连杆小头摩擦十字头内侧顶部	检查调整
	活塞杆与十字头连接松动	检查调整必须旋紧螺母
	连杆轴承磨损，间隙过大或连杆螺栓松动	调整间隙或更换螺栓
吸气阀盖温度高	压力表损坏	更换压力表
	阀垫片损坏	更换阀片
	活塞环损坏	更换活塞环
	气阀损坏	更换气阀
吸、排气阀泄漏	阀片断裂	检修更换阀片
	阀片与阀座密封不严	检查修复或更换
排气温度过高	吸、排气阀密封性降低	检查修复进、排气阀
	进排气阀弹簧或阀片损坏	更换弹簧或阀片
	压缩比增大	调整压缩比

3.5　LPG 烃泵

3.5.1　烃泵的结构原理

根据烃泵工作原理,烃泵分为三类:容积式泵、速度式泵、其他类型的泵。

(1)容积式泵:容积式泵在运转时,机械内部的工作容积不断发生变化,从而吸入或排出液体,如叶片泵、齿轮泵、螺杆泵等。

(2)速度式泵:通过叶轮的旋转运动,对液体做功,从而使液体获得能量,提高压力,如离心泵、轴流泵等。

(3)其他类型的泵:如旋涡泵、真空泵等。

目前,由于叶片泵的结构简单、价格便宜,中小型的 LPG 钢瓶充装站常用叶片泵作为输送液态液化石油气升压设备。双螺杆抽吸泵常用于 LPG 汽车加气站及大中型 LPG 库站。离心泵亦有采用。

3.5.1.1　叶片泵

常用的叶片泵型号有 YQ15 – 5、YQ35 – 5、YB5 – 5,其结构简单、体积小、价格便宜、安装方便、便于运行和维修,密封性能好,性能稳定。

YQ 叶片泵的结构及工作原理:叶片泵由外壳、汽缸及部件、吸入口、排出口、安全回流阀组成。工作原理如图 3-33 所示。

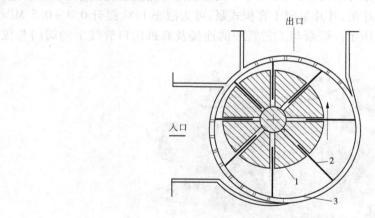

1—转子;2—叶片;3—定子与外壳

图 3-33　叶片泵原理图

叶片泵是利用旋转的物体具有离心力这一原理工作的,当泵轴带动转子旋转时,叶片在离心力作用下,向外滑出紧贴定子的复合曲面,随定子复合曲面的变化,泵的进液腔体容积逐渐增大,并形成一定负压将液体吸入。当转子旋转一定角度后,由该滑片组成的工作容积由逐步扩大变成减小,液体随泵工作容积的缩小而被压缩,液体压力不断升高。在吸入腔与压出腔之间有一封油块将两腔隔开,压出的液体沿压出腔经泵的出口排出。

3.5.1.2　离心泵

离心泵(图 3-34)是依靠泵的叶轮旋转时产生的离心力来输送液体的,所以称离心泵。Y 型离心泵是输送液态液化石油气和油品的专用泵。该泵的流量大,扬程高,工作比较平稳,故适用于流量较大的长距离管道输送。Y 型离心泵由泵壳、叶轮、吸入口、排出口组成。

当离心泵泵室和吸入管充满液体时,叶轮高速旋转,产生很大的离心力,使液体获得能量,沿着叶轮通道甩向四周,并从叶片之间的开口处以很高的速度流出,挤入截面逐渐扩大的泵壳内,液体的流速逐渐降低,速度降低的这部分动能转换为压力能,使液体既获得一定的流速,又获得一定的压力。液体被叶轮甩向四周的同时,叶轮中心区因压力降低形成低压区,低于泵吸入口的压力,液体从泵吸入口自动地流入叶轮中心区。因此,随着叶轮的旋转,液体连续不断地被吸入和压出,达到被加压输送的目的。如果是二级离心泵,则经第 1 级叶轮压出的液体又被吸入第 2 级,通过第 2 级叶轮液体又一次获得能量,提高压力。三级离心泵、四级离心泵……依次类推。

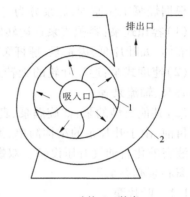

1—叶轮;2—外壳
图 3-34　离心泵

烃泵是提升液态 LPG 压力的设备,主要用于 LPG 库站的装槽车、钢瓶的充装等工艺。目前 LPG 库站一般使用叶片泵,叶片泵属于容积式泵,可为液态 LPG 提升 0.3～0.5 MPa 的压力。叶片泵如图 3-35 所示。烃泵与工艺管线的连接及其进出口管线上的阀门与仪表如图 3-36 所示。

1—进液管接口;2—出液管接口;3—泵体;4—电动机;5—电缆接引口
图 3-35　叶片泵

过滤器分为 Y 型过滤器和筒形过滤器,Y 型过滤器适合压缩机前使用,筒形过滤器适用于烃泵前使用。其作用是将气态或液态 LPG 中的脏物、杂质过滤下来,以延长设备的使用寿命。

高压软管的作用是防止烃泵运转时的振动沿进出口管线传递至其他设备,造成管道连接与设备的损坏。

烃泵上的止回阀的作用是防止出口管线压力过高,液体回流泵内,造成烃泵损坏。烃泵上的回流阀与压缩机上的回流阀的作用相同,只是介质不同而已。

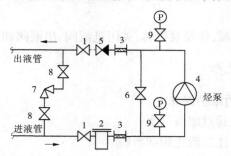

1—进液、出液操作阀;2—筒形过滤器;3—高压软管;4—叶片泵;5—止回阀;
6—回流阀;7—安全回流阀;8—检修阀;9—压力表前阀

图 3-36　烃泵与工艺管线图

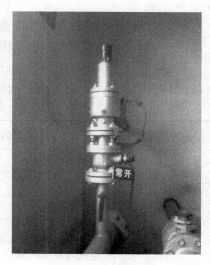

图 3-37　安全回流阀

安全回流阀(图 3-37)的作用是当烃泵进出口压力差超出安全值时自动打开,将部分液体回流至烃泵的入口或回流至贮罐,使烃泵的进出口压力差在安全范围内。安全回流阀前后的检修阀必须常开。烃泵的进出口压力差应不大于 0.5 MPa,安全回流阀的开启压力应为 0.5 MPa。

3.5.2　烃泵的安全操作规程

3.5.2.1　准备工作

(1)检查地脚螺栓是否松动。

(2)检查泵体润滑油是否足够。

(3)手动盘车 2 ~ 3 圈以上,检查有无杂音、卡机、漏油等现象。

(4)确定沿线阀门处于开启状态(特别注意出液罐至泵入口的一切阀门)。

(5)打开进液阀、出液阀和旁通阀。

(6)利用排空阀排清泵体内的液化石油气气体。

3.5.2.2　启动运行

(1)接通电源,使烃泵空载启动;当烃泵运转平稳后,缓慢关闭旁通阀,提高烃泵出口压力。

(2)烃泵运转时,观察烃泵有无杂音、过热、漏气、漏液等异常现象;当烃泵噪声较大时,采取的措施是打开排空阀放气;烃泵发出异常响声,是由出口压力过大引起的,可以开大回流阀,使部分液体回流,降低出口压力。

(3)烃泵运转时,操作者不得擅自离岗,每 15 min 检查一次运转情况;当压力表急剧波动、压差大于工艺要求、安全阀起跳或泵压突然上升时,应紧急停机处理。

（4）烃泵进出口压差≤0.5 MPa。

（5）烃泵入口管线上的阀门要全开，不能用作调节流量。

3.5.2.3　停机

打开回流阀，切断电源，使烃泵停转，关闭进液阀、出液阀和回流阀。

3.5.3　烃泵的维护保养

3.5.3.1　YQ型叶片泵的维护保养

（1）每季度清洗进液管过滤器一次。

（2）每月向两端轴承注二硫化钼润滑脂。

（3）定期检查传动皮带，如发生松弛，需及时调整；如发现皮带老化打滑，应及时更换新带。

（4）安全回流阀每年至少检验一次，压力表每半年检验一次，接地装置每半年测试一次。

（5）各阀门丝杠和连接螺栓涂黄油保护。

（6）定期检查地脚螺栓和各紧固件是否牢固，如有松动应及时处理。

（7）清除机身周围环境的灰尘、油污和水垢，以保持工作场所的清洁卫生。

滑片泵的故障分析与处理方法见表3-2。

表3-2　滑片泵故障分析及处理方法

故障现象	原因分析	处理方法
机体振动及噪声过大	进口阀门开度小	全开进口阀门
	有气体	停机、排除气体
	机体不稳	紧固相关部件
	轴承磨损	更换轴承
	电机与泵不同轴	调整同轴度
	超负荷运行	调节参数
压差不足	安全回流阀设定压力过小	调整安全回流阀开启压力
	内部泄漏	检修或更换磨损件
无压差	滑片滑不出来	检查滑片
	过滤器堵塞	清洗检查过滤器
	皮带过松	更换或者调整松紧度

3.5.3.2　Y型离心泵的维护保养

（1）定期清洗泵前过滤器，清除杂物。

（2）检查泵的轴承磨损情况、机械密封性能及各部件紧固情况。

（3）检查泵体的腐蚀情况,若发生锈蚀,及时排除。

（4）轴承箱润滑油每月至少加注 1 次,每次必须加足。

（5）压力表每半年应检查一次。

离心泵的故障分析及处理方法见表3-3。

表 3-3　离心泵故障分析及处理方法

故障现象	原因分析	处理方法
机体振动及噪声过大	进口阀门开度小	全开进口阀门
	有气体	停机检查排除
	机体不稳	紧固相关部件
	叶轮磨损	更换
	轴承间隙过大	调整
	超负荷运行	调节参数
抽空	进口管路堵塞	检查清理
	有气体	排空气
	供液不足	检查液位
	叶轮堵塞	检查清除堵塞物

3.6　LPG 气化器

液化石油气以液态储存,气化成气体后供应给用户。液态液化石油气气化方式有自然气化和强制气化,强制气化必须通过 LPG 气化器进行。北方冬天气候温度低,通常借助 LPG 气化器加热液态液化石油气,以增加装卸车的压力。

目前 LPG 气化器的种类有电加热水浴式气化器、蒸汽加热式气化器、空温式气化器和热水加热式气化器等。

3.6.1　电加热水浴式气化器

LPG 电加热水浴式气化器分为落地式和壁挂式,由带保温的筒体、蛇形管、电加热器、气液相连接管、安全阀及仪表控制件组成,如图3-38 所示。蛇形管采用铬镍合金钢材料。液态液化石油气沿液相入口进入气化器,从上而下沿其内部蛇形管流动,吸收管外热水传递的热量而气化,气态的液化石油气由中间的集气管上升,经气相管调压后供出,液化石油气残液通过集气管底部的排污管排出。在筒体上安有测温元件和浮球控制器,以控制水温和液位。当水温过低或水位超过低限时,液化气入口控制阀、电源开关将自动关闭。当气化器超压时安全阀将自动放散。电加热水浴式气化器气化能力为 50 ~ 500 kg/h,适用于小区住宅和工商业供气。

电加热水浴式气化器的维护保养:

（1）定期检查气化器水位是否正常（通常在2/3 之上）,注意及时补水。

（2）气化器一定要坚持定期排污。一般 2 ~ 3 天排污一次,气质较差或用量大时每天一次,排污时应在压力较高的时间,残液应排放至室外。

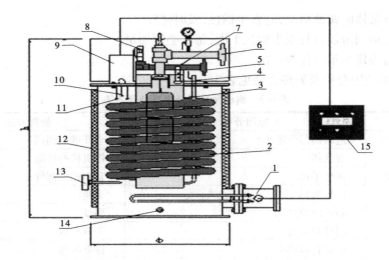

1—防爆电加热器;2—蛇形盘管;3—防过液装置;4—排污阀;
5—LPG 液相入口;6—LPG 气相出口;7—水位标尺;8—安全阀;9—温控箱;
10—水位开关;11—温控器;12—水箱保温;13—温度计;14—排水口;15—控制盘

图 3-38　LPG 电加热水浴式气化器

（3）气化器进口的过滤器通气半年后应清洗一次,然后每隔一年拆下清洗一次。

（4）检查压力表读数是否正常,压力表每隔一年应校验一次。

（5）气化器每隔半年换水一次,重新换水后须添加重铬酸钾,有条件的加软化水或纯净水效果更好。

（6）隔三个月在关闭电源的情况下,由电工检查主电源接线端子是否松动。必要时应重新紧固。

（7）本地电源电压如波动较大（以 380 V（1 ± 10%）为限）,建议加装 220 V 电源稳压器,以确保电气元件及仪表的正常工作。

（8）每天对气化器及其他燃气设备、管道做定期检查,以确保无泄漏现象发生。

3.6.2　蒸汽加热式气化器

如图 3-39 所示,蒸汽通过蒸汽调节阀进入气化器的加热套管内,当液化石油气气相温度达到 40 ℃后,液化石油气进液电磁阀打开。

蒸汽在套管内凝结放热,液化石油气在套管外受热气化,并确保一定的液位高度,液位越高,液相液化石油气的受热面越大,则气化量越大,可满足大的用气负荷;反之,液位低,受热面小,气化量低,可满足小的用气负荷。当用气量超出气化器的最大气化能力,或蒸汽的加热负荷不够时,液化石油气的液位将超过液位开关的位置,液位开关动作,中断液化石油气进液,防止液态液化石油气流出。超低温温控器也能防止液态液化石油气过液,与液位开关同时起到防过液的双重保护。

进液电磁阀设有回流单向阀,防止气化器超压。气化器上设有液化气液位、压力、温度及蒸汽压力现场显示仪表。如果加热介质为循环热水,则蒸汽管路变更为热水循环管路。气化器热水管路装水流开关,水流开关与 LPG 电磁阀联动,只有热水循环正常时,电

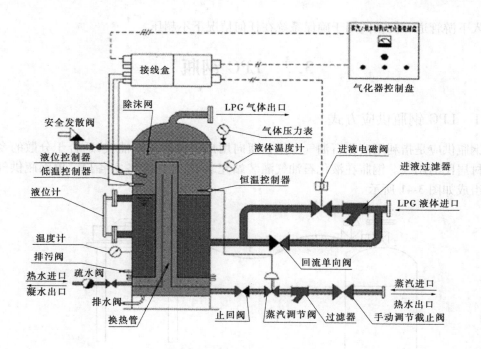

图 3-39　蒸汽加热式气化器

磁阀才能打开进液。

3.6.3　空温式气化器

如图 3-40 所示,液相 LPG 进入调压箱,压力由环境温度对应的饱和压力降低至气化压力,液相 LPG 通过高效换热的铝翅片管从大气中吸热而气化。

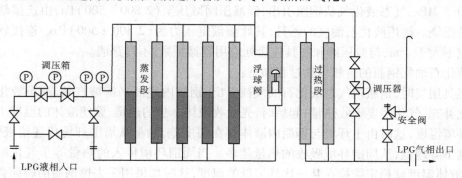

图 3-40　空温式气化器

调压箱由两只调压器组成串联监控的工作方式,确保气化压力的稳定。调压箱内设旁路,可作临时供气用。调压箱将不同管段的压力集中显示,便于操作和观察。在蒸发段的气相出口设有浮球阀,防止气化器过载时液相流到下游管道。出口气相调压器可用于调压和泄载,防止蒸发段在浮球阀关闭后过载。过热段可保证出口气相 LPG 以较高的温

度进入下游管道。安全阀用于确保系统在任何情况下不超压。

3.7 LPG 钢瓶

3.7.1 LPG 钢瓶供应方式

钢瓶供应是指利用液化石油气专用钢瓶向用户供应液化石油气,适合于分散的乡镇和农村居民的用气。钢瓶在液化石油气灌装站充装后,运送至各家各户。单钢瓶供气系统的组成如图 3-41 所示。

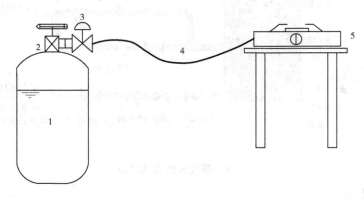

1—钢瓶;2—角阀;3—减压阀;4—液化气专用软管;5—燃具

图 3-41　单钢瓶供气系统的组成

钢瓶必须正立放置,严禁卧放和倒立放置。常温下,钢瓶内的液化石油气压力为 0.3~0.5 MPa,气态液化气从钢瓶引出,经减压阀减压至(2 800±500)Pa,由连接软管送至燃具燃烧。使用液化石油气的燃具,其灶前额定压力为(2 800±500)Pa。连接软管的长度应不大于 2 m,与减压阀和燃具连接处应用管箍箍紧,不得穿墙。

液化石油气钢瓶的自然气化过程如下:

燃具用气时,钢瓶内气态液化石油气被引出,钢瓶内气液平衡被打破,液态液化石油气气化补充,气化需要吸收热量,起始时,先吸收液体本身的热量,致使液体的温度下降而低于环境温度,这时由于环境与钢瓶内液体存在温度差,热量从周围环境传递给液体,液体温度下降越低,从周围环境吸收的热量越多。当周围环境传入的热量等于气化所需热量时,液体温度就稳定维持在某一比环境低的温度,这时如果用手去摸钢瓶的表面会感觉到钢瓶很凉。

当钢瓶连接的燃具数增多时,用气量增加,气化量增加,吸热量增加,当环境温度不变时,为增加温度差,满足从周围环境吸收更多热量,液态液化气的温度必须降得更低。

当用气量大到某一值,致使气化吸热很大,液体温度降至 0 ℃ 以下时,钢瓶的表面将结霜,使传热条件恶化,影响供气。解决的办法是增加供气钢瓶。

3.7.2　LPG 钢瓶的结构组成

LPG 钢瓶是盛装液化石油气的容器,以 YSP 35.5 型钢瓶为例,是由护罩、阀座、瓶阀、上封头、下封头及底座组成的。钢瓶的结构如图 3-42 所示。

瓶阀又称角阀,是钢瓶进出气的总开关,其结构如图 3-43 所示。阀体材质一般采用 59 - 1 铅铜制造。开关角阀时,转动手轮,手轮带动阀杆及连接片回转,连接片拨动阀芯沿阀体内部的行程螺丝上下移动,从而开启和关闭瓶阀。

3.7.3　LPG 钢瓶的规格与标识

LPG 钢瓶的材料、设计、制造、试验方法和检验规则、标志、涂敷、包装、贮运、出厂文件、使用年限应执行 GB 5842—2006 标准。常用液化石油气钢瓶型号参数以及钢瓶钢印标志识别意义如表 3-4 所示。

GB 5842—2006 标准的钢瓶钢印标志如图 3-44 所示。钢瓶编号的前 3 位是生产批号,后 4

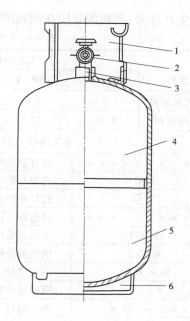

1—护罩;2—瓶阀;3—阀座;
4—上封头;5—下封头;6—底座

图 3-42　LPG 钢瓶结构

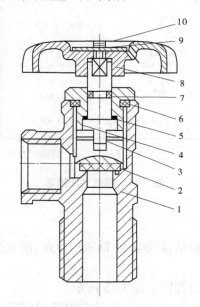

1—阀体;2—活门;3—连接片;4—阀杆;5—密封垫;6—压母;
7—O 形密封圈;8—手轮;9—弹簧垫圈;10—螺钉

图 3-43　钢瓶角阀

位为生产序号;钢瓶编号应在钢瓶组装后按生产顺序压印在护罩上。

表3-4 LPG钢瓶的规格和标志识别意义

GB 5842—2006 标准的钢瓶规格						
规格	YSP – 4.7	YSP – 12	YSP – 26.2	YSP – 35.5	YSP – 118	YSP – 118 – Ⅱ
最大充装量	1.9 kg	5 kg	11 kg	14.9 kg	49.5 kg	49.5 kg
公称容积	4.7 L	12 L	26.2 L	35.5 L	118 L	118 L

GB 5842—2006 标准的钢瓶钢印标志识别意义	
××-××××××	自有钢瓶编号,钢瓶编号便于钢瓶建档管理及钢瓶事故责任追查
LPG	充装介质
ⓒS	监督检验标志
TS××××××-××	制造许可证编号
TP3.2	水压试验压力 3.2 MPa
WP2.1	钢瓶的公称压力 2.1 MPa,以丙烯 60 ℃时的饱和蒸气压确定
W××.×	钢瓶重量,按照所选材料、制造后的实际重量标定
S×.×	瓶体设计壁厚,按照所选材料设计计算壁厚标定
×××-××××	钢瓶编号
Q/Y	气/液瓶辨识,Q 表示气相瓶,Y 表示液相瓶

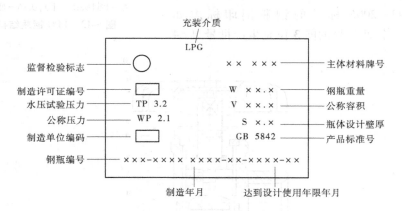

图 3-44 钢瓶钢印标志

3.7.4 LPG 钢瓶的充装

LPG 库站充装台的任务包括接收空瓶、钢瓶的检查、回收残液、充装钢瓶、实瓶装车外运或入库等。

充装台的钢瓶充装生产流程图如图 3-45 所示。

如图 3-45 所示,来自钢瓶供应站或个体的空钢瓶,由专用运瓶车货运到站,经钢瓶清点计价,空钢瓶卸车。钢瓶检验人员对钢瓶进行外观检查,若发现问题钢瓶,送钢瓶检修厂进行检修,若发现超重钢瓶则将钢瓶倒残,合格钢瓶可进行充装。钢瓶充装完,必须进行钢瓶检斤,防止钢瓶充装的欠斤缺两或超装,欠斤钢瓶需补充,超重钢瓶需送倒残架倒

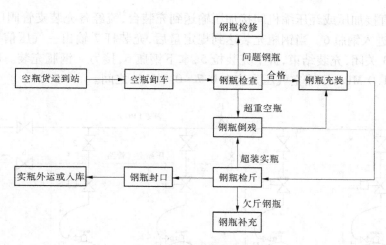

图 3-45　钢瓶充装生产流程图

出，检斤合格的钢瓶经验漏和封口即可实瓶外运或入库。

3.7.4.1　钢瓶的检验

液化石油气钢瓶必须定期检验，根据《液化石油气钢瓶定期检验与评定》，进行钢瓶定期检验的检验机构必须符合《气瓶检验机构技术条件》的要求，并按照《特种设备检验检测机构核准规则》经国家特种设备安全监督管理部门核准。

《液化石油气钢瓶定期检验与评定》中规定液化石油气的检验周期如下：对在用的YSP118 和 YSP118 – Ⅱ型钢瓶，自钢瓶钢印所示的制造日期起，每 3 年检验 1 次，其余型号的钢瓶自制造日期至第三次检验的检验周期均为 4 年，第三次检验的有效期为 3 年。

在使用过程中发现有严重腐蚀、损伤或对其安全可靠性有怀疑时，应提前检验。

库存或者停用超过一个检验周期的钢瓶，启用前应重新进行检验。

钢瓶定期检验项目包括外观检查、阀座检查、壁厚测定、水压试验、瓶阀检验和气密性试验，经外观检查，若对钢瓶容积有怀疑，应对容积测定（补充检验）。

钢瓶的检验由持证的钢瓶检验员进行，发现钢瓶有以下其中任一情况的，为不合格钢瓶，严禁充装。

（1）钢瓶无合格证。

（2）钢瓶的铭牌标记不全或标记不能识别。

（3）钢瓶角阀残缺。

（4）钢瓶底座、手提护栏变形、松动甚至脱落。

（5）瓶体表面有凹陷、伤痕、穿孔或严重腐蚀。

（6）焊缝有裂纹。

（7）新购钢瓶或经检合格钢瓶未抽真空。

（8）钢瓶过期未检。

3.7.4.2　钢瓶充装的安全操作规程

1. 使用气动充装秤充装

气动充装秤钢瓶充装台的钢瓶充装管道设备工艺图如图 3-46 所示。贮罐的液态

LPG 经烃泵直接加压或经压缩机间接加压输送到充装台,流经各充装支管阀门 2、限量阀 3、充装枪 5,进入钢瓶 6。当钢瓶充装达到规定量后,充装秤 7 输出一气压信号给限量阀 3,使限量阀 3 关闭,充装结束,拆下充装枪 5,拿下钢瓶 6,接另一钢瓶充装。LPG 充装压力应不大于 1.0 MPa,压缩空气压力应在 0.7~0.9 MPa 之间。

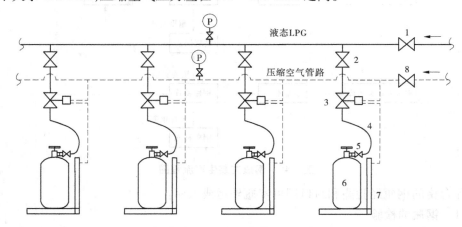

1—充装台总阀;2—充装支管阀门;3—气动切断阀(限量阀)
4—高压软管;5—充装枪与送气阀;6—钢瓶;7—充装秤
图 3-46 气动充装秤管道设备工艺图

首先检查充装设备是否符合安全要求,然后校验磅秤,当检验员检验钢瓶符合充装要求后,钢瓶充装人员按以下步骤进行充装:

(1)把钢瓶移放在磅秤上,把充装枪接套在钢瓶角阀,然后调校磅秤,标定充装总重量。

充装总重量计算公式为:总重量 = 钢瓶自重 + 充装枪的重量 + LPG 充装量。钢瓶自重标注在钢瓶的铭牌上,充装时必须核对。充装枪的重量根据是否有拉环确定,充装枪若安装于拉环下,可不考虑充装枪的重量。

(2)先打开钢瓶角阀,再打开气枪送气阀,液态 LPG 经充装总管、充装支管及阀门、气动切断阀、高压软管、充装枪、钢瓶角阀,注入钢瓶。

(3)钢瓶充装时,注意充装压力(不大于 1 MPa),观察瓶内进液状况。

(4)当发现钢瓶难以充气时,应立即关闭角阀,停止充瓶。

(5)当钢瓶充装量达到规定后,磅秤限量阀会自动关闭,钢瓶充气结束。

(6)先关闭钢瓶角阀,后关闭气枪送气阀。

(7)取下充气枪后,调校磅秤,复检钢瓶充装量。

(8)对钢瓶进行检漏,检验合格后,进行封口,并在瓶体贴上合格证。

(9)检验员对钢瓶进行复检和抽查重量,认为合格后,在合格证上盖上检验员工章。

2. 钢瓶的手工充装

钢瓶的手工充装是使用没有连接控制限量阀的磅秤,故操作时必须看紧磅秤的秤杆是否抬起,以迅速关阀,避免超装。

(1)把钢瓶移放在磅秤上,把充气枪接套在钢瓶角阀,然后调校磅秤,标定充装总重量。

(2)打开钢瓶角阀,打开充气枪送气阀,开始充装。

(3)当秤杆达到视准器中间位置时,气瓶充装已达到规定充装量,立即关闭充气枪送气阀和钢瓶角阀,动作必须准确迅速,防止过量充装。

3.使用电子充装秤充装

目前由于电子充装秤采取防爆安全设计,并且具有数字输入充装量、自动控制充装、自动去除充气枪和胶管的重量、充装精度高、充装结束后声音报警、全量程自动校准、可记录充装数据、与计算机联网监控灌装系统等优点,已得到普遍应用。

防爆电子充装秤主要由箱体、秤台、吊架、电源控制箱、控制器、键盘、显示器、防爆电磁阀及充装枪等组成。电子充装秤按照面板指示进行操作,新秤必须经当地技术监督部门检定后方可投入使用,投入使用前必须进行标定,每天使用前用砝码进行一次校验。

4.钢瓶充装的注意事项

(1)钢瓶充装人员上岗前,必须穿戴齐全工作服、工作鞋和手套,不得穿的确良等带静电服装、拖鞋、带钉的鞋上岗操作。

(2)钢瓶充装人员充装前应对充装秤进行校验,检查充气枪送气阀和密封胶圈。

(3)钢瓶充装前所有空瓶必须经过检验员检验合格,防止不合格气瓶进入充装线上。

(4)钢瓶充装过程如发现钢瓶或角阀有漏气现象,应立即停止灌装,并做好标记,另行做出倒残处理。

(5)钢瓶充装前必须核准钢瓶充装重量,不得超装。因操作失误造成过量充装的钢瓶,必须立即送到倒残架做卸液处理后,重新核准充装量,严禁在充装台上直接放气。

(6)钢瓶充装时操作人员不得擅离岗位,因故离开时,应停止灌装,不得让别人代管代充,更不准客户自行充装。

(7)钢瓶充装完毕后,要立即打开回流阀并通知运行人员停泵,关闭充装台的有关阀门,将充气枪插入一个空瓶内卸去软管至气枪段的余压,严禁在灌装台上随意放散。

(8)工作中严禁摔、砸、滚、撞、拖、碰钢瓶,并将空、重瓶分线排放整齐,留出消防通道。

(9)工作完毕应清扫充装台,检查所有管道、阀门、接头充气枪无泄漏现象后,关闭有关照明、通风设备电源,方可离开充装台。

5.钢瓶充装时的常见问题

(1)角阀型号不统一,造成充装枪夹不紧。

(2)充装时充装枪手柄由于振动或未锁紧、不能自锁而松脱。

(3)拆枪时忘记关钢瓶角阀,造成大跑气。

(4)拆枪时忘记关充装枪阀,造成大跑气。

(5)钢瓶内憋气造成充不进气,充装工将钢瓶内的气随意排放而引起火灾。

(6)搬运人员随意抛掷钢瓶,造成钢瓶的损坏。

3.7.5　LPG 钢瓶的使用

3.7.5.1　家庭如何正确使用液化石油气钢瓶

（1）钢瓶应直立使用,严禁倒置。

（2）用户不能擅自处理、倾倒瓶内残液。这些残液虽然难以气化,但一遇到明火会立即燃烧。

（3）用户应经常检查减压阀与角阀连接处上面的密封胶圈是否老化、脱落。一旦胶圈老化、脱落应马上更换,否则会发生气体外泄事故。当发现阀体漏气时,应立即送去维修或更换。

（4）用户应定期检查胶管是否老化、龟裂或破损,防止漏气。胶管要选用液化石油气专用胶管(胶管使用寿命一般为两年),并用不锈钢夹把连接减压阀和灶具的两端锁紧。

（5）灶具与钢瓶应保持一定的距离(灶具与钢瓶的最外侧之间距离不得小于 1 m),应保持灶具、减压阀、胶管等配件的清洁。

（6）养成使用灶具时人不离开,灶具不用时关闭开关(包括关好钢瓶的角阀)的良好习惯。一旦发生漏气应请专业维修人员检修。

（7）点火前应注意室内是否有液化石油气味,检查是否有漏气现象。查漏方法:用户可以经常用肥皂水刷一刷软管、软管与燃气器具的接口处、减压阀与胶管的连接处等部位,检查是否漏气,严禁明火试漏。查出漏气部位应立即更换配件或及时请专业维修人员修理。

（8）液化石油气灶使用时,应先点火后开气(点火时阀门不应开的太大),使用中防止锅中物品沸腾后溢出将火熄灭而跑气,发生火灾爆炸。

（9）禁止将装有液化石油气的钢瓶置于阳光下长时间暴晒,禁止用火烤、热水烫钢瓶;禁止自行瓶对瓶倒装液化石油气、倒残液;禁止摔打、碰撞钢瓶。

（10）禁止自行拆卸钢瓶角阀和减压阀零部件,应找专业人员维修。

（11）用户应选择规范的液化石油气公司供应站(点),购买瓶装液化石油气。

（12）不得将气瓶内的气体向其他气瓶倒装或直接由槽车对气瓶进行充装。若发现这种影响安全技术规范要求的充装行为,有权进行举报。

3.7.5.2　怎样正确处理着火事件

（1）用浸湿的毛巾立即把气瓶角阀阀门关上,并将气瓶转移到室外空旷处防止爆炸。

（2）用湿布扑打或覆盖着火点。

（3）迅速打开门窗,加速通风。

（4）杜绝一切火种,禁止开关电器具。

（5）及时拨打 119 报警。

3.7.5.3　怎样正确处理漏气事件

（1）发现漏气时,切勿恐慌,应迅速关闭钢瓶角阀。

（2）迅速打开门窗,保持良好通风,让液化石油气散发到室外。

（3）严禁开关任何电器和使用室内电话,应熄灭一切明火。

（4）到户外打电话通知供气单位专业人员来处理。

（5）发现邻居家液化石油气泄漏时，应敲门通知，切勿使用门铃。

3.7.5.4　怎样选择合格的供应商

用户最好选择具备燃气经营许可证的瓶装气体经营部或者具备气瓶充装许可证的液化石油气充装单位提供瓶装气体，这些单位都有固定经营场地、联系方式、专业维修人员和送气人员，可以保障用户的合法权益。

3.8　流体装卸臂

流体装卸臂（简称流体臂）分为陆用流体臂和船用流体臂两种。陆用流体臂，又称鹤管，是由转动灵活、密封性好的旋转接头与管道串联起来，用于槽车和栈桥储运管线之间，进行液体介质传输作业的设备，分为汽车装卸鹤管、火车装卸鹤管、飞机装卸鹤管、桶装卸鹤管等，多为手动装置。船用流体臂用于装船和卸船。船用流体臂多为液压驱动。

3.8.1　陆用流体臂结构

用于液化石油气装卸用的陆用流体臂（图 3-47）主要由固定、旋转接头，操作、平衡等机构和油管组成（图 3-48）。其中，旋转机构（旋转接头）是陆用流体臂最关建的部位，内装复列球轴承、不锈钢特殊密封圈，内圈采用高品质不锈钢，外圈为高强度合金钢。平衡系统有配重、扭簧、压簧、拉簧和丝杠以及液压和气动平衡等形式，均能以很小的力进行操作。

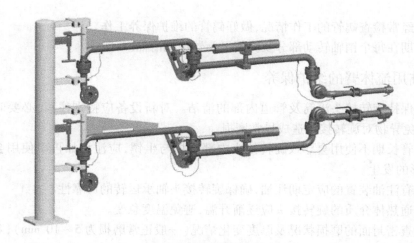

图 3-47　陆用流体臂

3.8.2　陆用流体臂的操作使用

（1）牵引鹤管时，应用力均匀，避免撞击连接器，否则会影响接头的密封。

（2）作业完毕后，须将鹤管排气放空后推至装卸台一侧，使平衡器处于放松状态，挂好挂链。

（3）鹤管回收时应完全收到平台平面范围内。

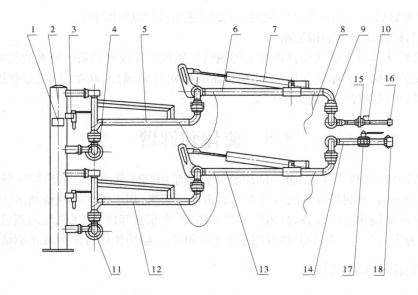

1—铭牌;2—立柱;3—内臂锁紧装置;4—气相入口法兰;5—气相内臂;6—气相外臂;
7—弹簧缸;8—静电接地线;9—旋转接头;10—气相外伸管;11—液相入口法兰;
12—液相内臂;13—液相外臂;14—液相外伸管;15—气相球阀;16—气相快速接头;
17—液相阀;18—液相快速接头

图3-48 陆用流体臂结构

(4)要经常检查鹤管的工作情况,做好鹤管的维护保养工作。

(5)定期在每个销轴转动部分及弹簧平衡器涂润滑油。

3.8.3 陆用流体臂的维护保养

(1)应保持旋转接头滚筒及管道内部的清洁。对新设备应特别注意,必要时需加过滤器,以避免异物对旋转接头造成异常磨损。

(2)鹤管长期不使用会导致旋转接头内部结垢与生锈,应注意如再次使用会有卡死或滴漏情形的发生。

(3)带有注油装置的应定期注油,确保旋转接头轴承运转的可靠性。

(4)流通热体介质的旋转接头应逐渐升温,避免温度急变。

(5)检查密封面的磨损状况及厚度变化情况(一般正常磨损为 5～10 mm);观察密封面的磨损轨迹,看是否出现三点断续或划伤等问题,如有上述状况,应立即更改。

(6)如使用鹤管较长时间后发现有介质泄漏,需将泄漏旋转接头拆开清洗保养并更换密封件。

3.9　柴油发电机

3.9.1　柴油发电机结构原理

如图 3-49、图 3-50 所示,整套机组一般由柴油机、发电机、控制箱、燃油箱、启动和控制用蓄电瓶、保护装置、应急柜等部件组成。发电机通常由定子、转子、端盖及轴承等部件构成。定子由定子铁芯、线包绕组、机座以及固定这些部分的其他结构件组成。转子由转子铁芯(或磁极、磁扼)绕组、护环、中心环、滑环、风扇及转轴等部件组成。由轴承及端盖将发电机的定子、转子连接组装起来,使转子能在定子中旋转,做切割磁力线的运动,从而产生感应电势,通过接线端子引出,接在回路中,便产生了电流。

图 3-49　柴油发电机

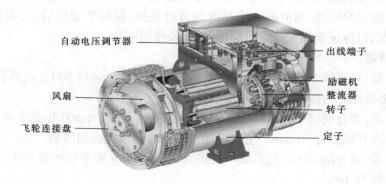

图 3-50　柴油发电机结构

柴油发电机工作原理:柴油机驱动发电机运转,将柴油的能量转化为电能。在柴油机汽缸内,经过空气滤清器过滤后的洁净空气与喷油嘴喷射出的高压雾化柴油充分混合,在活塞上行的挤压下,体积缩小,温度迅速升高,达到柴油的燃点。柴油被点燃,混合气体剧烈燃烧,体积迅速膨胀,推动活塞下行,称为做功。各汽缸按一定顺序依次做功,作用在活塞上的推力经过连杆变成了推动曲轴转动的力量,从而带动曲轴旋转。将无刷同步交流发电机与柴油机曲轴同轴安装,就可以利用柴油机的旋转带动发电机的转子,利用电磁感应原理,发电机就会输出感应电动势,经闭合的负载回路就能产生电流。

3.9.2 柴油发电机操作规程

(1)检查有无"三漏"及导线连接是否牢固和有无老化现象。

(2)检查润滑油油位(应在油尺刻度线中间,不足时应补同质润滑油)。

(3)检查电池电压,应在 24～27 V。

(4)检查冷却液液位,不足时应补同质冷却液。

(5)检查"急停开关"是否在打开状态,若不在打开状态,应顺着箭头方向旋转,"急停开关"会自动弹出,之后按"RESET"(复位键)。

(6)输出开关在断开状态,切勿带载启动。

(7)手动操作:

①按下"START"(启动键),机组启动运转,待机组转速、频率、电压达到额定值。

②观察冷却液温度、润滑油压力是否正常。

③首次加载应为 30%～50%,当冷却液温度在 60～75 ℃时,润滑油压力在 5 bar 左右,则可载入 70%～80%,运行平稳后即可满载运行,但切勿超载运行。

④应做好机组运行记录,应每半小时记一次,并观察有无"三漏"及机组有无异常。

⑤停机前应最好逐步卸载。

⑥断开输出开关,待机组空载运行 5 min 时,即可按下"STOP"(停机键),机组停止运行。

3.9.3 柴油发电机维护保养

认真做好日常的巡视工作,根据柴油发电机组的实际使用情况和运行状况,进行必要的保养。使用指定的燃油、润滑油和冷却液并及时更换;保持柴油机清洁,定期检查"三漏"与松脱情况,以保证柴油机正常可靠工作,延长使用寿命。

3.9.3.1 滤清器

空气滤清器:每运转 50 h,以空压机口吹气清理一次。每运行 500 h 或当警示装置呈红色时更换,更换滤芯后按顶端按钮将指示器重定。

机油滤清器:磨合期(50 h 或 3 个月)过后必须更换,以后每 500 h 或半年更换一次。更换滤清器后再开机运行 10 min。更换机油滤清器时必须更换润滑油。

柴油滤清器:磨合期(50 h)过后必须更换,以后每 500 h 或半年更换一次。更换滤清器后再开机运行 10 min。

冷却液滤清器:首次使用 200 h 或 3 个月必须更换。以后每 500 h 或一年更换一次。

3.9.3.2　润滑油的更换

磨合期(50 h 或 3 个月)过后必须更换,以后每 500 h 或每半年更换一次。更换机油时不同品牌、不同型号的机油不得混合使用。更换润滑油时必须更换机油滤清器。

3.9.3.3　冷却液的更换

首次使用 200 h 或 3 个月必须更换。以后每 500 h 或一年更换一次。注意:刚停机机组,15 min 内切不可打开水箱盖。防止水蒸气喷出伤人。

3.9.3.4　每日例行或开机前检查事项

检查并排除漏油、漏水、漏气的"三漏"现象,擦拭发电机组表面,保持柴油机外观及环境整洁。

(1)保持机组整机清洁度。防止积存水分、铁质和杂物。

(2)检查燃油箱油位。保证机组的应急供电。

(3)检查机油液面高度,是否有不正常增高或下降,并查明原因,不足时及时添加。

(4)检查水箱水位。

(5)检查电池电压,注意加蒸馏水。

(6)检查各保护罩的松动情况及各连接部件螺丝、螺母紧固情况。

(7)进入冬季应注意保温,并在水箱内注入足够的防冻液。

3.9.3.5　机组运行测试保养

柴油箱需每周彻底清理一次,以防止积存水分、铁质和杂质。

对于备用机组,每周启动一次试运转操作,检视仪表盘指示灯,空载运行 5 min,每半个月带适量负载(30%)运行 15~30 min。

每周检查一次水箱皮带的松紧度,如有磨损,应更换。

第4章 LPG 安全管理

4.1 灭火的方法及消防器材

液化石油气具有闪点低、引燃能量低、爆炸下限低、极易燃烧和爆炸、受热后迅速气化等特点。液态液化气沸点低,一旦泄漏,迅速气化,受强热时剧烈气化而喷发远射,灾害瞬间蔓延。其燃烧值大,燃烧温度高,扑救难度大。因此,LPG 库站的消防必须贯彻"预防为主,防消结合"的方针,严把 LPG 库站的每一道安全关,彻底消除火灾事故隐患。一旦发生液化石油气的火灾事故,必须立刻启动应急预案,予以扑灭,避免事故扩大。

4.1.1 灭火的基本方法

4.1.1.1 隔离灭火法

隔离灭火法是中断可燃物的供应,使燃烧停止。如关闭阀门,阻止液化石油气进入燃烧区,将着火钢瓶从瓶库快速转移到安全区域。

4.1.1.2 冷却灭火法

冷却灭火法是使可燃物质的温度降到燃点以下,使燃烧停止。如用水降温灭火,用温度极低二氧化碳喷入燃烧区降温灭火。

4.1.1.3 窒息灭火法

窒息灭火法是采取阻止空气进入燃烧区,使燃烧停止。如用二氧化碳、水蒸气充斥燃烧空间等,使可燃物无法获得空气而停止燃烧。

4.1.1.4 化学抑制灭火法

化学抑制灭火法是通过喷入火区的灭火剂吸收燃烧过程中产生的自由基,从而使燃烧反应停止。如向火区喷入干粉,干粉能吸收火区中的活化自由基,使火区中的自由基减少,燃烧就会终止。

4.1.2 消防水系统

水的热容大,为 $4.1 \ kJ/(kg \cdot ℃)$;水的潜热大,为 $2.3 \ MJ/kg$。因此,水的冷却效果非常显著。水蒸发成水蒸气后可覆盖燃烧区,阻隔空气进入,使燃烧终止,所以水是常用的灭火剂,但水不能扑灭液化石油气火灾。LPG 库站的消防水系统的主要作用是冷却降温,使贮罐不致温度升高而爆炸。在 LPG 库站应急抢险中,消防水系统还可用于驱散液化气、加强空气流通。因此,LPG 库站应配备足够的消防用水。LPG 库站消防水系统的组成包括以下几个方面。

4.1.2.1　消防水池

消防水池的储水量应保持连续 6 h 的消防总用水量。其补水时间不宜超过 48 h,保护半径不应超过 150 m。消防水池的容量超过 1 000 m³时,应分设成两个。

4.1.2.2　消防水泵

消防水泵至少要配备两台,每台应设置独立的吸水管,并配装应急电源,以保证在事故断电状态下仍能正常供应消防水。

4.1.2.3　消防水管网

将消防水送至各用水点,管网水压约为 0.4 MPa。

4.1.2.4　消防栓

消防栓应设置在路边目标明显的地点。消防栓保护半径不能超过 150 m,其周围环境要保持清洁。

4.1.2.5　消防水带及消防水枪

消防水带应选用耐压力为 0.1 MPa 以上的高质量水带。消防水带和水枪要悬挂在固定位置。每次灭火完毕或操练结束后,都要将水带清洗晾干,收卷时要防止水带折弯。

4.1.2.6　喷淋装置

喷淋装置的喷淋强度应能在贮罐表面形成连续水帘。喷淋装置的控制阀门应设置在离贮罐 30 m 处。

所有的消防水设施均不得挪作他用,并应定期检查和试用,确保其齐全完好。

4.1.3　二氧化碳灭火器

二氧化碳灭火器(图 4-1)可扑灭液化石油气的火灾。二氧化碳无色无毒,在常温下加压液化后装入灭火器内,灭火器的工作压力为 9 MPa。灭火时,拔出保险销,一手握着喷管,在火区的上风侧,离火区 2 ~ 3 m 处,按下压把,对准火源根部扫射,直至将火扑灭。二氧化碳灭火器使用时应采取防冻措施,避免冻伤。

二氧化碳灭火器阀门打开后,高压的液态二氧化碳从灭火器内喷出,迅速气化并吸收大量的热,使喷出的二氧化碳气体温度降至 -80 ℃,部分甚至结成干冰,其进入火区主要起冷却降温灭火作用。

二氧化碳灭火器的维护保养:
(1)放置在干燥通风、易于取放、避免暴晒的地点。
(2)保险装置应没有损坏或遗失。
(3)没有明显的损坏、腐蚀、泄漏或喷嘴堵塞等现象。
(4)每半年对灭火器进行一次称重检查,若重量减少 1/10,应立即加足。
(5)灭火器每次再充装或每 5 年应进行 25 MPa 的水压试验。
(6)一经使用应立即再充装。

4.1.4　干粉灭火器

干粉灭火器主要是利用干粉对燃烧反应的化学抑制作用灭火的。干粉是固体粉末,

图 4-1　二氧化碳(CO₂)灭火器

可分为 ABC 干粉(磷酸铵眼干粉)和 BC 干粉(碳酸氢钠干粉),ABC 干粉可扑灭液化石油气的火灾。ABC 干粉灭火器分为贮压式和动力瓶式,也可分为手提式和推车式(图 4-2)。

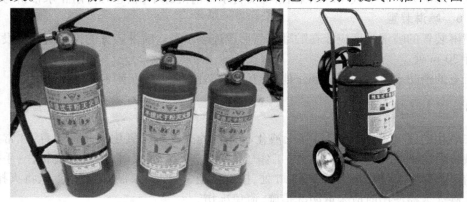

图 4-2　手提式干粉灭火器(左)、推车式干粉灭火器(右)

　　手提式干粉灭火器灭火时,应先上下摇动几次,拔出保险销,在距火区 3 m 处,一手压下压把,一手握住喷嘴,对准火源根部扫射,将干粉喷入火区,直至火焰彻底被扑灭。注意:干粉灭火器的喷射时间约为 20 s。手提式干粉灭火器使用方法如图 4-3 所示。

　　干粉被高压氮气带入火区,在火区内吸收燃烧所必需的自由基,主要起化学抑制的灭火作用。另外,喷入火区中的干粉会分解吸热使火区降温,分解出的惰性气体和粉雾还有隔绝空气向火区流入的作用。

　　干粉灭火器的维护保养:

　　(1)放置在干燥通风、易于取放、避免暴晒的地点。

　　(2)保险装置应没有损坏或遗失。

　　(3)没有明显的损坏、腐蚀、泄漏或喷嘴堵塞等现象。

　　(4)压力表读数应显示在工作压力范围内。

　　(5)定期检查干粉的结块情况。

图 4-3　手提式干粉灭火器使用方法

（6）灭火器每次再充装或满 5 年，以后满 2 年，需进行 21 MPa 的水压试验。

（7）一经使用应立即再充装。

4.2　库站安全管理机构

4.2.1　安全管理机构

LPG 库站安全管理机构如图 4-4 所示。

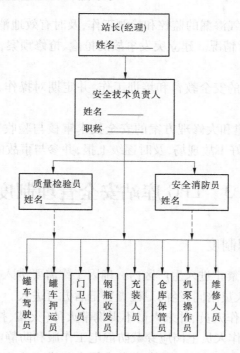

图 4-4　LPG 库站安全管理机构

（1）液化石油气库站要实行站长（经理）安全负责制，并配备一名熟悉液化石油气知识的中级职称技术人员协助站长全面负责液化石油气站的安全管理工作。

（2）液化石油气库站设专职安全管理部门，主要职责是：贯彻国家有关安全工作的管理法规，制定本单位安全工作规定，监督检查安全工作计划的落实执行情况，协调本单位的安全技术活动，按规定向上报告安全工作情况。

4.2.2 液化石油气库站安全管理的任务

（1）制定各岗位和设备的安全操作规程及相应的岗位责任制、交接班制、安全防火和巡回检查等各项安全管理制度，并监督制度的落实和实施。

（2）建立运转设备、压力容器等设备的技术档案。及时如实地填写各岗位原始运行、充罐和装卸作业等操作记录，并归纳存档。

（3）组织落实设备的技术检验和维护计划，对锅炉、压力容器等特种设备，及时按规定向当地有关部门报检验申请计划，严禁设备带故障或超检验期使用。

（4）定期对静电接地、防雷接地、安全阀、温度计、压力表、液位计和充装秤等设备设施进行维修和测试，并将检查测试结果记录归档。

（5）采取有效措施，加强生产区内明火管理，严格禁止将火种带入生产区内。对维修、扩建、改造需要的动火，按动火手续的要求和规定，进行分析、审批和监护，确保动火安全。

（6）做好对液化石油气渗漏的监控和检测工作，及时有效地消除各种"跑、冒、滴、漏"现象和生产中出现的异常情况。建立突发事故的抢险、抢修预案，并报燃气行政主管部门和公安消防机构备案。

（7）做好对全站职工的安全教育和培训工作，并定期对操作人员进行考核和劳动防护措施的检查。

（8）组织对扩建、改建和大修理方案的安全技术审核与验收工作，事故发生后，除积极组织抢救外，还要保护好事故现场，及时逐级上报，并参与事故的调查分析。

4.3 LPG库站安全管理制度

4.3.1 库站进出管理制度

（1）非本站工作人员禁止进入生产区内。确因工作需要进入生产区时，须经站长（经理）批准，并由本站工作人员陪同，经门卫检查登记后方可进入。

（2）进入生产区的工作人员、外来人员不得携带火种（火柴、打火机、烟头等），不得穿着化纤衣物和带钉鞋，操作人员上岗应穿戴防静电工作服和防静电鞋。

（3）酒后人员不得进入生产区，严禁孩童或领小孩进入生产区。经批准进入生产区内的非工作人员，要服从站内安全管理人员的安排。

（4）汽车槽车和本站的运瓶汽车进入生产区，必须配装可靠的防火帽和灭火器等有关的消防器材,并经门卫检查合格后方准进出。

（5）电瓶车、拖拉机、畜力车及外来车辆不得进入生产区。

（6）门卫及安全检查人员应坚守工作岗位,认真做好对进出站人员和车辆的检查登记工作,如实记录液化石油气站进出检查登记表的内容,不得擅离职守或从事与本职工作无关的事宜。

4.3.2　消防安全管理制度

（1）为认真贯彻落实《中华人民共和国消防法》和国家有关的安全生产法规,保护财产和公民的安全,根据单位工作特点和实际情况,制定消防安全管理制度。

（2）消防安全工作贯彻"预防为主、防消结合"的方针,实行消防安全责任制。站长（经理）为单位安全生产的第一责任人,各车间、班组负责人为相应部门、岗位安全生产的责任人。安全消防员协助站长做好全站的消防安全管理工作,并具体负责日常的消防安全工作。

（3）安全消防员和从事液化石油气操作的人员要经消防安全培训,并取得公安消防机构颁发的合格证后,方准上岗作业。安全消防员应结合本站具体情况和上级的有关规定,每年对全站人员进行 4 次安全消防知识培训教育,并将考核情况记入职工个人技术档案。

（4）本单位建立由站长和安全消防员任正队长、副队长,全站 40 岁以下男职工组成的义务消防队。安全消防员要针对本单位特点,编制灭火和应急疏散预案,每年要组织义务消防队进行两次消防灭火演练。

（5）站内所有的消防设施、器材和安全装置,均应按国家有关规定配备齐全,并应选用符合国家或行业标准的器材和设置,装置在便于使用的指定位置。值班巡查员在每日安全巡查中,应将对消防设施器材的检查和防火检查作为一项主要的内容。

（6）安全消防员要会同有关人员定期做好消防设施和器材检验与维护保养工作,确保其完好、有效。严禁擅自挪用、拆除、停用消防设施和器材,不得埋压灭火栓,不得占用防火间距和消防通道。

（7）站内应在醒目的位置设立"进站须知""严禁烟火"和"危险场所,闲人免进"等消防安全标志。严禁携明火或穿戴化纤衣物和带钉鞋进入生产区内。因特殊情况确需动用明火作业时,要事先按规定程序办理动火许可审批手续,并严格履行科学的隔离、置换和分析化验方法,做好动火准备工作。动火现场要有监护人,动火作业结束后要及时将动火设备撤离生产区。

（8）当站内出现火灾时,现场工作人员中最高职务者要担负起领导责任,立即组织力量扑救火灾,疏散无关人员、车辆和气瓶,任何人都有拨打 119 电话报告火警的义务。火灾扑灭后,要保护好事故现场,接受事故调查。

4.3.3　生产巡回检查制度

（1）为加强安全生产管理,及时发现和排除事故隐患,杜绝违章行为的发生,制定生

产区巡回检查制度。

（2）巡回检查分为单位值班领导组织的每日安全巡查和操作人员对本岗位的操作巡查。站内领导实行轮班制，每日应有一名站领导负责做好当日的安全巡查工作。

（3）值班领导每4 h应带领消防员、设备员和维修人员对生产设备、工艺管路的运行状况，操作人员履行岗位职责情况，各安全装置和设施的完好等情况进行一次安全生产和防火巡查，并将巡查结果填入液化石油气站安全巡查记录表中。

（4）机、泵操作员每小时对运转设备的电机温度、电流、声音和机器的温度、声音、压力、液位、油位、油压与振动情况，以及与机器相关的系统设备和附件的运行情况进行一次巡查，巡查结果如实填入电机、烃泵操作记录表。

（5）贮罐操作人员每小时对罐区内贮罐的压力、液位、温度和安全装置，以及主要操作控制阀门进行一次安全巡查。夏季要根据贮罐温度变化，及时开启喷淋冷却装置，冬季要注意排水防冻，并按时填写贮罐运行记录表。

（6）装卸作业过程中，操作人员应按装卸操作规程的规定，做好对装卸槽车的安全巡查，并加强与机、泵和贮罐操作人员的联系配合，严防槽车或贮罐超装。

（7）钢瓶充灌作业前，操作人员要对待装瓶、充枪、计量秤和系统压力进行检查核验，并定期对操作岗位的消防器材进行检查和对已装瓶、待装瓶进行清验盘点。

（8）对安全巡查中发现的异常情况和问题，有关人员要及时查明原因，并做出处理。对需要检修或动火的，按有关规定办理，严禁设备和系统带故障使用与运行。

4.3.4　设备仪器管理制度

（1）为加强设备仪器的购置、使用、维护保养、修理、检验等管理工作，使设备仪器保持完好状态，制定设备仪器管理制度。

（2）设备仪器实行站级管理和岗位管理。设备技术员负责全站设备仪器的更新、修理、检验和资料档案的管理，操作人员负责所使用设备仪器的日常管理和维护保养工作。

（3）站内压缩机、烃泵、自动灌装秤、锅炉、贮罐及其他压力容器应建立安全操作规程，其中锅炉和压力容器在投入使用前，应按有关规定向安全监察机构申报并办理使用登记手续。

（4）操作人员对所操作的设备要做到"四懂、三会"（懂结构、懂原理、懂性能、懂用途，会使用、会维护保养、会排除故障），严格按操作规程进行设备的启动使用和停车，并按规定做好设备润滑加油、防锈工作，认真落实巡回检查制度，如实填写运行记录。

（5）操作人员对本岗位的设备、管线、阀门、仪表等装置实行责任制，要保持设备整洁，及时消除"跑、冒、滴、漏"，并做好防尘、防潮、防冻、防腐蚀工作。维护人员要对设备的修理质量负责，保证检修后设备的完好使用。设备技术员会同安全员每周对设备按"完好、不完好、修理、停用"4个档次进行一次检查评定，每月将4次检查结果作为对设备的评定依据挂牌公示。

（6）全站生产设备每年进行一次大修，每月进行一次小修。设备技术员要预先提出设备仪器的检修内容和备品配件计划，制定合理的检修定额，严格控制修理费用。

（7）设备技术员要按规定做好对特种设备定期检验制度的安排和落实。锅炉每年进行一次运行检验,每 2 年进行一次内、外部检验。压力容器安全状况等级为 1～2 级的每 6 年进行一次检验,等级为 3 级的每 3 年进行一次检验。安全阀每年至少校验一次;压力表每年要校验一次;接地装置每年在雷雨季节前检测一次。

（8）设备仪器应建立技术档案,其内容包括:①设备和仪器的随机技术文件、产品合格证、监制证书、装箱清单等资料;②安装施工技术资料和安装检测验收资料文件;③修理、改造记录及有关技术文件和资料;④检验、检测报告,以及有关检验的技术文件和资料;⑤压力表、安全阀、接地电阻等安全附件的校验、修理、更换记录和资料;⑥有关事故的记录资料和处理报告,以及报废报告资料。

（9）外购设备、仪器（包括备品配件）先由需用班组提出申请,经设备技术员审核、分析,并提出购置的型号参数和数量等具体计划,报站长审批。购置计划经批准后,由有关专业人员按照质优、价廉的原则选购。所购进的设备、仪器必须是国家定点企业生产的相应产品,并附有产品合格证和质量证明书,压力容器还需附监检证书。设备仪器到货后,由设备技术员、使用班组、购置经办人和财务人员共同开箱验收,对质量、数量和技术文件不符合要求的,由经办人负责落实。

（10）由于人为过失造成的设备仪器（包括零部件）丢失、报废,按有关规定给予责任者处罚。对需报废和淘汰的设备仪器,按固定资产管理的有关规定,由站长批准后,在设备档案和财务固定资产台账上注销。

4.3.5　LPG 槽车使用管理制度

（1）为加强液化石油气汽车槽车的管理,保障其安全使用,根据有关法规的要求和单位实际,制定汽车槽车使用管理制度。

（2）汽车槽车的使用管理除执行本制度外,还应执行《设备仪器管理制度》的有关规定。

（3）汽车槽车投入使用前,应到有关部门办理液化石油气汽车槽车使用、危险物品准运和汽车槽车行驶牌照等使用登记手续,并将核发的液化气体汽车槽车使用证、准运证、行车证等证件随车携带。

（4）汽车槽车的驾驶员、押运员需经专业技术培训和考核合格,并取得相应的汽车槽车准驾证和汽车槽车押运员证后,方可从事汽车槽车的驾驶和行车押运工作。未具有相应资格的不得随意驾驶槽车和承担押运工作。

（5）汽车槽车的驾驶员应按汽车日常检查和保养要求每天对汽车发动机、底盘和运行部分进行一次检查与维护。押运员要对罐体及安全阀、爆破片、压力表、液面计、温度计、紧急切断装置、管接头、人孔、管道阀、导静电装置及灭火器材等附件的性能与完好状况每天进行一次检查维护。发现故障和异常情况要及时查明原因,并予以排除。保证汽车槽车性能完好,同时应保持槽车的清洁卫生和漆色完好。

（6）每次出车前,驾驶员和押运员应按第（5）项检查内容对槽车进行全面检查,并带齐各种证件资料和维修工器具。行车中,要做好对槽车和安全附件的经常性检查保养,严

禁槽车带故障行驶。

（7）新汽车槽车或经检修后的汽车槽车，在首次充装液化石油气前，必须经抽真空或充氮气置换处理合格［真空度不小于 86.7 kPa（650 mmHg）或含氧量小于 3%］，并有处理单位的证明文件，方可进行充液。

（8）汽车槽车返回单位要及时卸液，不得带液入库停放。槽车不得兼作贮罐使用，禁止直接向钢瓶灌装。卸液时不准采用空气加压或蒸汽加热等提高卸液速度的办法。卸液槽车应留有不低于 0.4 MPa 的剩余压力。

（9）遇有雷雨天或附近有明火，周围有易燃易爆介质泄漏，罐体内压力异常或其他不安全的情况时，要立即停止装卸作业，并由作业现场负责人做出相应的处理措施。

（10）汽车槽车的装卸作业应严格按照操作规程进行操作，严禁槽车或贮罐超装。装卸作业完毕后，要及时填写装卸作业记录表。

（11）汽车槽车行驶中，应遵守交通规则，听从交通管理人员的指挥，并应遵守下列规定：

①按汽车槽车的设计限速行驶，保持与前车距离，严禁违章超车。要按指定时间和路线行驶。

②押运员必须随车押运。

③不准拖带挂车，不得携带其他危险品，严禁其他人员搭乘。

④车上禁止吸烟。

⑤通过隧道、涵洞、立交桥时，必须注意标高并减速行驶。

⑥当罐内液温达到 40 ℃时，应及时采取遮阳或罐外水冷等降温措施。

（12）汽车槽车途中停放时，应遵守以下规定：

①不得停靠在机关、学校、厂矿、桥梁、仓库和人员稠密等地方。

②停车位置应通风良好，停车地点 10 m 内不得有明火和建筑物。

③停车检修应使用不产生火花的工具，不得有明火作业。

④途中停车若超过 6 h，应与当地公安部门联系，按其指定的安全地点停放。

⑤途中发生故障，若检修时间长或故障程度危及安全，应将汽车槽车转移到安全场地，并有专人看管，方可进行维修。

⑥重新行车前应对全车进行认真检查，遇有异常情况应妥善处理，达到要求后方可行车。

⑦停车时，驾驶员和押运员不得同时离开车辆。

（13）槽车罐体及其安全附件应按《液化气体汽车槽车安全监察规程》的相关规定，定期报送检验机构检验。凡超检验周期未检验的，不应继续使用。

（14）汽车槽车的外借使用应经单位主要负责人批准，并由该车驾驶员、押运员随同操作。液化石油气槽车不得用于充装其他介质。

4.3.6 钢瓶充装管理制度

（1）为加强钢瓶充装的检查管理，杜绝不合格钢瓶充装和钢瓶超装，制定钢瓶充装管理制度。

(2)凡需充装液化石油气的钢瓶,实行灌前检查、充灌过程检查和灌后复检责任制。检查员和充装员应严格把关,并做好检查记录和充装记录等工作见证。

(3)钢瓶充装前,由质量检查员逐只进行检查登记,凡属于下列情况之一的,不得进行充装:

①无制造许可证单位制造的钢瓶和未经安全监察机构批准认可的进口钢瓶,以及经检验单位判定报废的钢瓶。

②钢瓶钢印标志、颜色标记不符合液化石油气钢瓶规定及无法判定瓶内气体的。

③用户自行改装或涂敷漆色的钢瓶。

④瓶内无剩余压力的。

⑤钢瓶附件不全、损坏或不符合规定的。

⑥超过检验周期的钢瓶。

⑦经外观检查,存在明显损伤,需进一步进行检查的钢瓶。

⑧首次充装的钢瓶,事先未经置换和抽真空的。

(4)对经检查不予充装的钢瓶,检查员要及时通知用户做相应的处理。需抽真空或抽残液的钢瓶,先进行抽空、抽残处理。符合充装条件的钢瓶,质量检查员做空瓶称重和核定充装量,并填好检查登记表后,将钢瓶转送充装岗位。

(5)充装岗位的待装瓶应按不同质量、型号分类存放,并与已装瓶区用标志相互分开放置。充装员要按该钢瓶核定的充装量和充装操作规程认真进行充装操作,如实填写充装记录,严禁过量充装。

(6)充装计量衡器要设有超装警报和自动切断气源的装置。称重衡器的最大称量值应为常用称量的 1.5~3.0 倍。为保证称重衡器的准确可靠,每 2 个月应校验一次,校验报告要记录存档。

(7)充灌过程中,充装员随时注意对充装钢瓶的角阀、瓶底、焊缝等部位的检查,并做好称重衡器的调整检查。若发现钢瓶出现泄漏,要立即停止灌气,并将瓶内气体回收。对超过允许充装量的,要及时将超出量回收。

(8)充装后的钢瓶,由质量检查员逐只进行重量复验称检,复检结果和检查员姓名等内容要如实记录到钢瓶检查登记表中。复检合格的已装瓶,转运工要及时发放给用户或送瓶库暂存。

(9)检查员、充装员要坚守工作岗位,严禁外来人员动用充装设备和工具。非充装员、检查员不得从事钢瓶的充装检查工作。

(10)钢瓶检查记录表和钢瓶充装操作记录表每天由站技术负责人收集并存档备查。

上述各项制度是液化石油气站为保障其安全必须建立的主要管理制度。此外,各液化石油气站还应根据自己的实际情况,建立各岗位交接班制度、设备维护保养制度和安全操作规程,以及各岗位责任制等制度,把安全管理的各项要求落实到每个具体岗位。

为搞好各项安全管理制度的贯彻执行,需要采取有效的措施来检查国家安全法规及安全管理制度在实际工作中的落实情况。通常采取的措施是对液化石油气站现场进行检

查考核。检查考核分为行政安全管理部门的监督检查和单位自身的工作检查。

行政安全管理部门的监督检查有上级主管部门的安全生产检查、安全监督机构每年一次的年度审查、行业系统的安全评比等。这些检查因其检查人员工作经历广、业务水平高,能在现场查出存在的事故隐患,及时提出改进方案,还能起到交流安全管理工作经验、宣传国家安全法规的作用,是促进液化石油气站安全管理水平提高的一个重要措施。

单位自身的工作检查有日常检查和定期检查两种方式。日常检查内容如下:

(1)当日值班负责人组织的对各生产设备、工作岗位和安全设施等内容进行的巡回检查。此检查每天不少于4次,并做到定时、定点、定检查项目。

(2)操作人员上岗接班时的安全检查。接班人员应按照交接班制度规定和本岗位操作内容,对工作环境、安全措施、设备器具状况和防护用品及注意事项等认真进行接班检查。

(3)机泵和槽车装卸操作运行中的定时检查。操作人员应每小时进行一次,并将检查结果及时记录到操作记录表中。

(4)门卫人员对进出生产区的人员、车辆例行的安全检查。

定期检查主要是季节性和节日前的检查。季节性检查春季以防雷、防雷电、防触电和防建筑物倒塌为重点,夏季以防暑降温为重点,冬季以防火、防毒、防凝、防冰雪和防滑为重点。节日前的检查主要是检查节日的安全保卫措施,增强防范意识。

在各项安全检查中,对发现的不安全因素和异常情况,要及时予以消除,不留隐患。对一些违章行为现象要给予处理。

安全检查工作是将液化石油气站各岗位、各运行设备及操作过程纳入严密监控之下,避免事故发生的一项主要措施,各液化石油气站要抓好落实,并做到持之以恒。

4.4　安全技术教育和培训

《中华人民共和国劳动法》规定:用人单位应建立职业培训制度……有计划地对劳动者进行职业培训。从事技术工作的劳动者,上岗前必须经过培训;从事特种作业的劳动者必须经过专门培训并取得特种作业资格。这些条文以法律的形式对劳动者和从事特种作业人员的专业培训做了明确要求。液化石油气是一种危险物品,从事液化石油气操作是安全技术高的特种作业。液化石油气站建立的安全管理机构和管理制度,要靠人来运行和遵照执行,必须把提高全站人员的业务技术水平和进行安全知识教育作为一项经常性的重要工作来对待,才能有效地保证全站的安全生产。常见的安全生产教育形式主要有三级安全教育、特种作业安全教育、经常性安全教育和各种行之有效的宣传、培训等形式。

4.4.1　三级安全教育

三级安全教育是指对新招收或调入的职工以及实习人员在分配到工作岗位之前进行的厂站级、车间级、岗位级安全教育。

厂站级安全教育应由站负责人组织,本站技术和安全管理部门来实施。其主要是对职工进行劳动安全卫生法律、法规、通用安全技术、劳动保护和安全文化的基本知识,本单位劳动安全卫生规章制度及状况、劳动纪律和有关事故案例等内容的教育。

车间级安全教育由车间负责人组织实施。安全教育的内容是本车间劳动安全卫生状况和规章制度,主要危险、危害因素及安全事项,预防工伤事故和职业病的主要措施,典型事故案例及事故应急处理措施等。

岗位级安全教育由班组长组织实施。教育内容包括遵章守纪、岗位安全操作规程、岗位之间工作衔接配合的安全注意事项、典型事故案例、劳动防护用品的性能及正确使用方法等。

新职工应通过三级安全教育并考核合格后方准上岗。

4.4.2 特种作业安全教育

特种作业安全教育是对特种作业人员的安全教育。特种作业是指对操作者本人,尤其是他人和周围设施的安全有重大危害的作业。液化石油气站内的电工、电气焊工、锅炉工、槽车驾驶员、押运员及从事液化石油气装卸作业的各岗位操作人员都属于特种作业人员。这些人员在经过企业三级安全教育后,还应由有关部门对其进行特种作业安全培训,并经考核合格取得相应工种的操作证后,方可独立上岗操作。

4.4.3 经常性安全教育

经常性安全教育是根据岗位特点、工作任务、现场实际情况和应注意的事项等内容对职工进行的贯穿于生产经营活动中的安全教育。如在布置工作、安排任务、班前、班后会等过程中,提出安全要求,进行最新安全知识和信息的教育。

单位负责人在安排生产时,必须同时安排安全工作。

4.4.4 其他安全宣传教育

随着安全生产教育工作的普及和深入,安全生产教育的形式和方法也日益丰富。如安全生产活动日、安全生产竞赛、防范事故演练活动、安全生产检查等。在宣传教育方面有事故通报、当事者现身说教和黑板、壁报栏宣传等。这些都是搞好安全工作的有效形式。

新建液化石油气库站在新投入运行以前,要先对参加施工和试运行投产的人员进行相应的安全技术教育,并经考试合格后再参与具体工作。本站内职工内部调动工作岗位时,在到达新的工作岗位之前也要接受安全教育,经考核合格后方可上岗。

4.5 事故应急预案与演练

4.5.1 事故应急指引

4.5.1.1 报警电话

(1)统一报警与救援电话:110。

(2)所属公司抢险电话：×××××××××。

4.5.1.2 事故库站或车辆紧急切断控制点位置及其应变动作

1. 库站

(1)罐区：机泵房内紧急切断控制装置，泄压。

(2)机泵房：停机、停泵，关闭控制阀，切断电源开关。

(3)钢瓶充装台、装卸台：停止装卸，关闭控制阀。

(4)配电房：关闭除消防水泵以外的电源开关。

(5)门卫室或装卸台：启动紧急停车和关闭紧急切断系统的控制按钮，站内全系统停机、停泵、关闭气动（或液动）紧急切断阀、切断电源开关，停止充装作业。

2. 正在库站装卸作业或行驶途中的液化石油气汽车槽车

紧急卸除手摇油泵油压（或拉索）或打开车尾紧急放散阀（或拉索），关闭罐体紧急切断阀。

4.5.1.3 应对程序

1. 库站

(1)库站内所有人员，不论在任何时候，发现火警或泄漏事故发生时，必须迅速报告所在单位负责人或当值安全管理小组成员，并清楚地说明出事位置及严重程度。

(2)当库站内发生火警、液化石油气严重泄漏等突发事件时，立即摇响报警。

(3)报警声响起，所在单位内电话立即停止与突发事情无关的联络，将电话交给所在单位负责人使用。

(4)根据单位应急救援总预案的规定，所在单位负责人对事故的危害程度进行判断，一旦判断为预警、现场应急、全体应急状态，立即按"情况通报与行动准则"的要求，将本单位的紧急情况向主管部门负责人通报，属于车辆事故者，应同时立即向车队负责人通报，所在单位负责人同时担负起企业应急总指挥的责任，并启动本单位的事故应急救援预案。

(5)一旦事故初始阶段已形成无法控制的火灾、爆炸和严重泄漏等全体应急状态，所在单位负责人立即拨打救援电话，准确无误地向所在地县或市级政府紧急救援中心报告出事地点、出事的性质、严重性及危害程度，直接寻求当地政府的援助。

(6)夜间出事由所在单位当班保卫人员负责上述工作程序。

(7)所在单位员工，包括现场汽车槽车、运瓶车司机和押运员以及来访者等所有人员，不论在任何时候，一旦发生预警、现场应急、全体应急情况，应立即到事故应急集合点集合报道。

(8)汽车槽车及运瓶车司机根据所在单位应急总指挥的指令，确定是否驾驶车辆撤离、原地待命或参与抢险等行动。

2. 液化石油气汽车槽车及运瓶车在运输途中

(1)当发生火警、泄漏等事故时，当值司机立即想办法将车辆开至安全地带。

(2)准确无误地向所属车队运营主管报告出事地点、出事的性质、严重性及危害程度；由车队运营主管根据事故紧急状况，启动车队事故应急救援预案；通知车队负责人等有关领导赶赴现场指挥抢险工作。

（3）当事态已形成翻车、严重泄漏及爆炸事故时，意味事故需进入现场应急或全体应急状态，应立即拨打 110 报警电话，准确无误地向所在地县或市级政府紧急救援中心报告出事地点、出事的性质、严重性及危害程度。

（4）当事故进入现场应急或全体应急状态时，车队负责人应立即向所属公司总经理通报，请求当地政府启动政府应急救援预案。

应急指挥中心设在事故发生单位负责人办公室或靠近事故现场的安全地带。

4.5.1.4 应急救援现场处置原则

1. 统一指挥、密切协作的原则

事故现场应急救援人员多，现场情况复杂，专业性强，应急救援人员需在现场抢险指挥部的统一指挥下，积极配合、密切协作、共同完成。

2. 以快制快、行动果断的原则

鉴于事故具有突发性，在短时间内易快速发展蔓延，处置行动必须做到接警快、到达快、准备快、疏散救人快、战斗展开快，以达到防止事故扩大的目的。

3. 讲究科学、稳妥可靠的原则

由于事故常伴有爆炸、冻伤等情况发生，成功处置必须有一支训练有素、技术过硬的攻坚队伍，为此，要切实加强义务消防队的装备建设和技术训练，提高义务消防队的作战能力，并科学制订和实施行动计划。

4. 救人第一的原则

当现场遇有人员受到威胁时，首要任务就是保证员工和救援人员的生命安全。当不控制火势、不排除险情难以解除对人员威胁时，应集中力量控制火势、排除险情，再解救疏散被困人员。

4.5.2 事故应急处理

4.5.2.1 泄漏

1. 充装台、机泵房、混气车间区域发生泄漏事故的抢救方案（一级警戒）

（1）立即关闭有关气、液相阀门。

（2）切断电源，消除一切火源，并防止因抢险造成气瓶或其他金属物品的碰撞而产生火花。

（3）开启地面通风扇和换气扇，并用扫帚驱赶气体，加强空气的流通，降低工作场所液化石油气的浓度。

（4）检测合格后，对漏点进行相应的抢修。

2. 一般工艺管道破裂和阀门密封部位泄漏事故的应急方案（二级警戒）

（1）迅速查明泄漏点，立即关闭泄漏点两端管线上的阀门和与该管线相接的每个贮罐阀门，把气源切断。

（2）杜绝附近一切火源，禁止一切车辆在附近行驶。同时派人员向站负责人和安全消防人员报告发生泄漏的具体情况及正在采取的措施。

（3）站负责人接到报告后，应立即到现场组织人员进行处理，停止一切操作活动；撤离无关人员，并安排专人对已关闭的贮罐阀门进行监控，采用开花水枪驱散漏出的气雾，降低现场液化石油气浓度，直到检测合格。

（4）漏点环境的气体经检测合格后，采用打卡子、化学补漏或拆卸，并将泄漏管线移至安全地点进行焊接等方法进行检修。

3.与罐体直接相连的阀门、法兰密封处、管件出现外泄漏时的应急抢救方案（三级警戒）

（1）立即切断可能产生火花的一切着火源。

（2）用湿棉被包住泄漏点，用水对其进行喷射冷却，使之冻成冰坨，以减少泄漏。

（3）将泄漏罐内的液化石油气导入相邻空罐。待液体倒完后，再由压缩机把泄漏罐内的气相压力降至 0.05 MPa 以下。

（4）在确认安全的情况下，开启泄漏罐的放散阀，将罐内剩余气体排出。

（5）经检测符合安全标准后，对损坏的阀门、垫片用相同型号的产品更换，对损坏的管件予以修复。

注意事项：在抢救中，若泄漏量很大，抢修无法控制，应迅速疏散生产区内所有人员，扩大警戒线，拨打 119 报警电话，远距离监控。

4.贮罐、槽车液体泄漏（特级警戒）

贮罐、槽车液体泄漏时，应采取下列措施：

（1）利用贮罐的紧急切断阀控制系统，泄放管道中的氮气，远程关闭贮罐出口的气动紧急切断阀，封闭贮罐站内的所有贮罐出口，并启动罐体喷淋系统，对所有贮罐进行降温。

（2）立即切断事故区内的一切电源（除保持照明、通信及消防系统的电源外）。

（3）禁止任何火源，立即划定警戒区。

（4）车辆应驶离警戒区。

（5）立即通知部门主管，打 119 电话通知消防部门。

（6）停止附近带电设备（特别是在风向下方的地区），防止车辆和行人进入警戒区内。

（7）启动消防栓，用消防水枪向事故贮罐或槽车喷水，防止其爆炸。

在条件允许下，进行倒罐，减少罐内液体。

4.5.2.2 火灾、爆炸

（1）按照相应泄漏应急处理程序处理。

（2）泄漏伴随火灾和爆炸时，首先拨打 110 报警电话求助。

（3）发现火险时，在保证生命安全的前提下，就近取灭火器进行扑救，着火时切勿完全关闭阀门，以防回火发生爆炸。

（4）现场抢救人员要听从消防部门的统一指挥，不能盲目灭火，要注意人员安全和现场安全。

（5）如有人受伤，安排专人协助急救人员进行救治，并注意做好伤员信息跟踪。

（6）管网、用户端泄漏伴随火灾和爆炸时，还要注意通知警方和社区协助进行救援。

4.5.2.3 中毒处理

（1）硫化氢中毒：急救人员应戴防毒面具和防护用具，及时将中毒者撤至空气新鲜、流通处,迅速进行人工呼吸抢救,并拨打急救电话 120,送医院救治。在转送途中要继续抢救,对呼吸困难者应予输氧。

（2）一氧化碳中毒:当发现有人一氧化碳中毒时,及时将中毒者放置在空气新鲜、流通处。如患者出现呼吸衰竭,及时进行人工呼吸,条件允许的话予以输氧,并及时拨打急救电话 120,送医院救治。

（3）加臭剂中毒:加臭剂常用甲硫醇、甲硫醚,在装卸、贮存和加臭过程中,如加臭剂进入眼内或者接触皮肤,应立即采用淋浴器进行冲洗,人体吸入过多气化加臭剂后,身体会出现不适。

4.5.2.4　窒息的处理

发生窒息时,应将伤者移到通风处,保持呼吸道通畅,进行人工呼吸抢救,同时拨打急救电话 120,送医院救治。

4.5.2.5　触电的处理

（1）当发生触电时,立即切断电源或者用绝缘物体,使触电者脱离电源,然后进行紧急抢救,拨打急救电话 120,送医院救治。

（2）伤者昏迷,但未失去知觉时,应将其抬到比较温暖且空气流通的地方休息。

（3）伤者失去知觉,呼吸困难,并有痉挛现象时,立即进行口对口或仰卧压胸法人工呼吸。

（4）当伤者呼吸、脉搏都停止时,应立即施行口对口或仰卧压胸法人工呼吸。在医务人员未到达前不能中止救治。

4.5.2.6　烧伤的处理

先用蒸馏水充分冷却烧伤部位,解脱伤者衣服,如与皮肤黏连,剪去黏连部位的衣服,用消毒纱布或干净的布包裹伤面并及时治疗。送医院时,用浸在清洁冷水中的毛巾敷在伤口上冷却。对呼吸道烧伤者,注意疏通呼吸道,防止异物堵塞。伤员口渴时,可以饮用少量淡盐水。

4.5.2.7　冻伤的处理

（1）将伤者移到暖和的地方,并将衣物解开,用毛巾、毛毯让全身保温,不可搓揉冻伤的部位。

（2）将冻伤部位浸入 37 ~ 40 ℃的温水中,不可用热水浸泡或者用火取暖。

（3）呼吸停止时,立即进行人工呼吸。若脉搏停止跳动,则要进行心肺复苏术,同时拨打急救电话 120,送医院救治。

4.5.3　事故报告

发生生产事故后,紧急情况时要报警,当事人或发现人应立即向本单位负责人报告,并按照规定逐级上报。单位负责人应按预案向上级汇报。

报告的原则:

(1)任何突发事件,不论大小,都应报告。

(2)生产事故单位负责人应向上一级领导和应急办公室报告。

（3）当发生火灾时应立即拨打火警电话119。

（4）如有人员伤害，应保护好现场并迅速组织人员施救，情况危急可拨打急救电话120。

（5）如需地方协调，还可拨打110和地方应急联动单位电话。

报告内容：事故发生的时间、地点，事故发生的简要经过和相关介质，事故状况，人员受伤程度和现场情况，受损程度，已经采取的措施，事故报告后出现的新情况。

第5章　岗位考核大纲（试行）及题库

5.1　岗位考核大纲（试行）

5.1.1　大纲说明

本大纲依据《城镇燃气管理条例》和国家相关法律法规、标准规范等有关规定编制，适用于全国燃气经营企业燃气设施运行、维护和抢修人员的专业培训与考核。专业培训考核要点主要包括基础知识、库站设备运行、库站设备维护维修和库站运行安全等四个主要部分。

5.1.2　考核内容比重表

理论知识：

技能等级 项目		初级 （%）	中级 （%）	高级 （%）
基本要求	职业道德	5	5	5
	基础知识	25	20	15
相关知识要求	库站设备运行	30	30	30
	库站设备维护维修	20	20	25
	库站运行安全	20	25	25
	培训指导	—	—	—
合计		100	100	100

操作技能：

技能等级 项目		初级 （%）	中级 （%）	高级 （%）
技能要求	库站设备运行	50	50	40
	设备维护维修	30	30	30
	库站运行安全	20	20	30
	培训指导	—	—	—
合计		100	100	100

注意：画"—"为考核内容比重表中不配分的地方。

5.1.3 考核要点

5.1.3.1 基础知识

（1）燃气基础知识：

①燃气的分类、组成和特性。

②燃气的供气质量标准与供用气规律。

（2）燃气输配系统常识：

①城镇燃气输配系统的分类与构成。

②城镇燃气输配系统的主要设施设备。

（3）燃气应用常识：

①城镇燃气用户的类型。

②居民用户的燃气（管道）系统。

③公共建筑、商业用户的燃气供应设施。

④燃气工业用户的燃气供应系统。

⑤常用燃气燃烧器具与设备。

（4）计量基础知识：主要计量器具常用计量单位及换算。

（5）电工基础知识。

（6）识图与机械制图知识。

（7）机修钳工知识。

（8）职业安全、健康和消防知识：

①燃气爆炸、起火的消防知识。

②燃气中毒的急救方法。

③燃气泄漏和一般事故应急处置。

④自我防护与逃生。

（9）相关法律、法规知识：

①《中华人民共和国劳动法》相关知识。

②《城镇燃气管理条例》相关知识。

③《中华人民共和国消防法》相关知识。

④《中华人民共和国安全生产法》相关知识。

5.1.3.2 燃气专业知识

本标准对初级工、中级工、高级工的技能要求依次递进，高级别涵盖低级别的要求。

1. 初级工

职业功能	工作内容	技能要求	相关知识要求
1.库站设备运行	1.1 专用工机具使用	1.1.1 能够使用专用工机具进行充装、卸车、储罐设备操作	1.1.1 专用工机具的名称、规格、用途、使用方法
	1.2 库站巡检	1.2.1 能按照库站工艺流程实施运行巡查 1.2.2 能识别库站运行环境 1.2.3 能读取并记录压力、温度、流量、液位等运行参数 1.2.4 能填写各类台账、报表等	1.2.1 充装、卸车、储罐、混气设备基本知识和主要工艺流程 1.2.2 库站环境要素 1.2.3 主要仪表的名称、作用 1.2.4 运行台账、报表管理规定
	1.3 工艺操作	1.3.1 能够进行 LPG 装卸车 1.3.2 能够进行 LPG 气瓶充装 1.3.3 能够进行 LPG 残液化天然气库站回收 1.3.4 能够进行 LPG 储罐排污 1.3.5 能实施 LPG 自然气化混气 1.3.6 能够进行柴油或天然气备用发电机等的开停操作	1.3.1 LPG 槽车装卸操作规程 1.3.2 LPG 气瓶充装操作规程 1.3.3 LPG 残液回收操作规程 1.3.4 LPG 储罐排污操作规程 1.3.5 LPG 自然气化混气操作规程 1.3.6 柴油或天然气备用发电机操作规程
2.库站设备维护维修	2.1 设备保养	2.1.1 能按照充装、卸车、储罐的日常维护保养规程进行操作 2.1.2 能实施密封设施检查、维护	2.1.1 充装、卸车、储罐设备的保养管理规定 2.1.2 密封设施保养规程
	2.2 故障判断与处理	2.2.1 能判断充装、卸车、储存设备工况的一般故障 2.2.2 能拆装调压设施与阀门	2.2.1 充装、卸车、储存设备故障类别与识别知识 2.2.2 调压器、阀门的结构、原理及拆装规程
3.库站运行安全	3.1 安全设施操作	3.1.1 能操作灭火器灭火 3.1.2 能正确启动消防喷淋系统 3.1.3 能连接消防水带、操作消防栓 3.1.4 能按照规定操作安全阀、液位计等	3.1.1 消防设施、设备操作规程 3.1.2 库站安全事故现场处置预案 3.1.3 库站消防设备及设施的型号、结构、原理及性能 3.1.4 安全阀的原理结构基本知识
	3.2 安全防护	3.2.1 能根据不同作业选用个人防护用品 3.2.2 能执行液化石油气充装、装卸突发事件应急预案 3.2.3 能检查站内防雷、防火、防静电设施 3.2.4 能进行低温冻伤处理	3.2.1 个人防护用品知识 3.2.2 液化石油气充装、装卸现场应急预案 3.2.3 防火、防雷、防静电基础知识 3.2.4 低温冻伤处理知识

2. 中级工

职业功能	工作内容	技能要求	相关知识要求
1. 库站设备运行	1.1 专用工机具使用	1.1.1 能根据故障现象维修专用工机具	1.1.1 专用工机具的结构原理
	1.2 库站巡检	1.2.1 能对库站内关键部位进行查漏 1.2.2 能对消防设备、设施进行周期性检查 1.2.3 能根据设备运行参数判断故障 1.2.4 能发现并处理站内一般安全事故隐患	1.2.1 库站设备、工艺流程知识 1.2.2 库站消防设备、设施维护管理技术规程和标准 1.2.3 库站工艺设备的工作原理和运行参数 1.2.4 库站危险源辨识与管理规定
	1.3 工艺操作	1.3.1 能进行槽罐进出料作业 1.3.2 能分析库站运行数据 1.3.3 能调整储运、充装设备设施的工艺参数 1.3.4 能进行 LPG 储罐充装量的计算 1.3.5 能现场检测 LPG 密度 1.3.6 能操作强制气化设备进行气化作业	1.3.1 库站槽罐装卸工艺技术和倒罐操作规程 1.3.2 储运充装设备、设施的结构原理 1.3.3 罐容计算方法 1.3.4 LPG 密度检测规程 1.3.5 强制气化作业技术规程
2. 库站设备维护维修	2.1 设备保养	2.1.1 能拆装充装、压缩、气化设备设施 2.1.2 能进行充装、压缩、气化、混气设备设施的维护保养 2.1.3 能维护库站消防设备、设施	2.1.1 库站内设备、仪器仪表维护保养技术规程 2.1.2 库站消防设备设施维护保养规程
	2.2 故障判断与处理	2.2.1 能处理设备设施的汽蚀、超压、气阻、振动等故障	2.2.1 设备状况辨识知识
3. 库站运行安全	3.1 安全设施操作	3.1.1 能根据库站储存、充装的工艺作业实施危险因素控制操作 3.1.2 能检查、保养安全阀	3.1.1 库站工艺操作危害因素及防护办法 3.1.2 安全阀的结构原理和保养规程
	3.2 安全防护	3.2.1 能实施库站专项处置预案 3.2.2 能操作消防水系统进行降温和灭火	3.2.1 库站专项安全事故处置预案 3.2.2 消防水系统使用技术规程

3. 高级工

职业功能	工作内容	技能要求	相关知识要求
1. 库站设备运行	1.1 工机具使用	1.1.1 能改进工机具	1.1.1 工机具知识
	1.2 工艺操作	1.2.1 能编制库站内工艺置换方案; 1.2.2 能根据库站内工艺、设备情况检查控制系统 1.2.3 能组织全库站进、出、充装工艺同步运行 1.2.4 能按对工艺过程做出质量评估	1.2.1 LPG 储配站、供应站、气化站、混气站等的工艺、设备知识 1.2.2 LPG 库站操作规程 1.2.3 库站燃气设备设施的安装工艺与标准 1.2.4 工业自动化基础知识
2. 库站设备维护维修	2.1 设备保养	2.1.1 能进行压力容器、气化、混气器等设备设施及附件的维修 2.1.2 能组织站内安全阀、计量仪表及其变送器、压力容器的检定工作 2.1.3 能对库站检测设备进行调校和报警复位	2.1.1 压力容器、气化、混气器设备设施的工作原理及结构 2.1.2 库站安全阀、计量仪表、变送器、压力容器等检测规定 2.1.3 固定式报警装置探头的调校试验方法
	2.2 故障判断与处理	2.2.1 能对库站设备故障进行事故分析 2.2.2 能发现并处理站内较大安全隐患	2.2.1 设备故障类别及分析方法 2.2.2 库站安全事故管理规定
3. 库站运行安全	3.1 安全设施操作	3.1.1 能处置安全设施的故障 3.1.2 能评估库站主要工艺操作	3.1.1 安全设施工艺、设备的原理知识 3.1.2 库站工艺评估标准
	3.2 安全防护	3.2.1 能编制库站现场处置预案 3.2.2 能实施专项安全事故应急演练	3.2.1 LPG 库站安全事故预案 3.2.2 库站一般安全事故的风险识别与判断

5.2 题库及答案

5.2.1 单项选择题

1. 液化石油气的主要成分为（　　）。
   A. C1　　　　　B. C3、C4　　　　C. C5　　　　D. 以上均是

2. 液化石油气中的水分通常沉淀在储存设备（　　）。
   A. 上部　　　　B. 中部　　　　　C. 下部　　　　D. 混合

3. 液化石油气的爆炸下限是（　　）。
   A. 1%　　　　　B. 1.5%　　　　　C. 2.5%　　　　D. 5%

4. 液化石油气从贮罐中泄漏喷到人体时，会造成（　　）。
   A. 中毒　　　　B. 皮肤冻伤　　　C. 烧伤　　　　D. 对人体没有影响

5. 液化石油气中的水分对储存设备的危害为（　　）。
   A. 冬季寒冷地区容易结冰　　　　B. 不能正常工作
   C. 引起爆炸　　　　　　　　　　D. 以上均不是

6. 液态液化石油气在管道内的流速最大不超过（　　）。
   A. 1 m/s　　　　B. 2 m/s　　　　C. 3 m/s　　　　D. 4 m/s

7. 液化石油气消防水管的作用为消防喷淋和（　　）。
   A. 喷淋降温　　B. 演习　　　　　C. 清洁地面　　D. 以上均不是

8. 液化石油气管道弯头采用煨制弯头，其弯曲半径为管径的（　　）倍。
   A. 4　　　　　　B. 6　　　　　　C. 8　　　　　　D. 10

9. 二氧化碳灭火的方法属于（　　）。
   A. 隔离灭火法　B. 冷却灭火法　　C. 窒息灭火法　D. 化学抑制灭火法

10. 干粉灭火器灭火的方法属于（　　）。
    A. 隔离灭火法　B. 冷却灭火法　　C. 窒息灭火法　D. 化学抑制灭火法

11. 关闭阀门阻止液化石油气进入燃烧区灭火的方法属于（　　）。
    A. 隔离灭火法　B. 冷却灭火法　　C. 窒息灭火法　D. 化学抑制灭火法

12. 消防水池的储水量应能保持连续（　　）的消防总用水量。其补水时间，不宜超过（　　）。
    A. 6 h,24 h　　B. 12 h,24 h　　C. 6 h,48 h　　D. 12 h,48 h

13. 液化石油气的爆炸极限是（　　）。
    A. 1.5%～9.5% B. 5%～15%　　C. 5%～36%　　D. 5%～40%

14. 天然气的爆炸极限是（　　）。
    A. 1.5%～10% B. 5%～15%　　　C. 5%～36%　　D. 5%～40%

15. 液化石油气贮罐的最高工作压力应小于或等于（　　）MPa。
    A. 1.0　　　　　B. 1.57　　　　　C. 1.77　　　　D. 2.1

16. 压缩机运行时，说法正确的是（　　）。

A.压缩机自动给气体加压,运行人员可离开现场

B.发现漏气,压缩机应继续工作,直到任务完成,再进行维修

C.润滑油压力必须大于或等于 0.15 MPa,否则停机检查

D.压缩机运行时不用查看出口压力

17.压缩机的进出口压差应小于或等于(　　)MPa。

　　A.0.5　　　　　　B.1.0　　　　　　C.1.5　　　　　　D.2.0

18.城镇燃气气源中(　　)热值最高。

　　A.天然气　　　　B.人工煤气　　　　C.液化石油气　　D.沼气

19.液化石油气场站的贮罐区应布置于场站主导风向的(　　)。

　　A.上风侧　　　　　　　　　　　　B.下风侧

　　C.上风侧与下风侧都行　　　　　　D.和场站主导风向没有关系

20.液化石油气库站装设接闪器系统主要用于防止(　　)危害。

　　A.直击雷　　　　B.感应雷　　　　C.高电位侵入波　　D.都可以

21.关于烃泵的维护保养,说法错误的是(　　)。

　　A.烃泵启动时应全开回流阀,使烃泵空载起动

　　B.烃泵可以空转

　　C.设备清洁,各部件完好

　　D.机组无异常响声,无异常振动

22.打开槽车罐体底部的紧急切断阀所需的油压一般在(　　)MPa 以上。

　　A.0.15　　　　　B.1　　　　　　　C.1.5　　　　　　D.3

23.导致液化石油气液相管内的"气塞"原因是(　　)。

　　A.输送压力过小

　　B.输送压力过大

　　C.管道内的压力大于液化石油气的饱和蒸气压

　　D.管道有泄漏

24.对二氧化碳灭火器的维护与保养,说法错误的是(　　)。

　　A.放置于干燥通风、易于取放的地点,并避免日晒

　　B.每半年进行一次称重检查,质量减少 1/10,应立即加足

　　C.一次没用完的二氧化碳灭火器,可以继续留用

　　D.保险装置应没有损坏或遗失

25.烃泵运行时,说法正确的是(　　)。

　　A.烃泵运行时,运行人员不可离开现场,随时检查烃泵的运行情况

　　B.烃泵发出异常声响,烃泵可继续工作,直到任务完成,再检查故障

　　C.可以通过烃泵的出口阀调节烃泵流量

　　D.烃泵运行时可以不用关注容器的液位变化

26.用烃泵充装钢瓶时,安全回流阀起跳,应(　　)。

　　A.立即停泵　　　　　　　　　　　B.立即开大回流阀

　　C.立即关小烃泵进液管阀门　　　　D.立即关小烃泵出液管阀门

27. 钢瓶充装时,充装压力应不大于( )MPa。
    A. 0.5 B. 1.0 C. 1.5 D. 2.0

28. 从受力均匀性方面考虑,液化石油气贮罐制造成( )最好。
    A. 圆筒形 B. 方形 C. 球形 D. 卧式

29. 贮罐上只安装一只安全阀时,安全阀的开启压力应( )贮罐的设计压力。
    A. 大于 B. 大于或等于 C. 小于或等于 D. 以上均可

30. 根据标准规定,液化石油气中硫化氢的含量不得超过( )mg/m³。
    A. 1 B. 10 C. 20 D. 30

31. 液化石油气烃泵的出口管道上应安装( )。
    A. 安全阀 B. 球阀 C. 紧急切断阀 D. 止回阀

32. 气动式紧急切断阀一般采用( )进行远距离控制的阀门。
    A. 高压油 B. 液化石油气 C. 压缩气体 D. 以上均可

33. 槽车紧急切断阀在卸车操作中处于( )状态。
    A. 开启 B. 关闭 C. 半开 D. 以上均有可能

34. 新阀门和检修过的阀门在安装前应进行( )。
    A. 强度试验 B. 严密性试验 C. A、B 都用 D. A、B 都不用

35. 垫圈因材料老化损坏而泄漏的处理方法是( )。
    A. 修理 B. 更换 C. 堵漏 D. 不需要处理

36. 液态液化石油气泄漏后,迅速气化吸热,所以( )。
    A. 容易造成皮肤冻伤,工作时需穿棉质工作服及戴防冻手套
    B. 容易造成皮肤冻伤,工作时可穿化纤面料工作服及戴防冻手套
    C. 为了凉爽,不需穿劳动服
    D. 冬季需要穿,夏季不用穿

37. 液化石油气贮罐的最大体积充装量是贮罐总容积的( )。
    A. 95% B. 90% C. 85% D. 80%

38. 液化石油气贮罐的设计压力是根据( )在我国极端最高温度 47.6 ℃下的饱和蒸气压而确定的。
    A. 甲烷 B. 乙烷 C. 丙烷 D. 丁烷

39. 液化石油气的热值约为 25 000 kcal/Nm³,换算为单位 kJ/Nm³,约为( )。
    A. 90 000 kJ/Nm³ B. 11 000 kJ/Nm³
    C. 14 000 kJ/Nm³ D. 105 000 kJ/Nm³

40. 通常压力表表盘上的标准单位是( )。
    A. MPa B. bar C. kPa D. kg/cm²

41. 贮罐投产置换时,贮罐内的氧含量必须小于( ),才可灌装。
    A. 5% B. 4% C. 3% D. 2%

42. 贮罐区四周设不低于 1 m 围堰或围堤的作用是( )。
    A. 防止非工作人员进入 B. 阻隔液化石油气外溢
    C. 防洪 D. 防小动物进入

43. 液化石油气钢瓶的公称工作压力是(　　)MPa。

　　A. 1.77　　　　　B. 1.6　　　　　　C. 1.25　　　　　　D. 0.98

44. 过流阀的作用是(　　)。

　　A. 限压　　　　　B. 限速　　　　　　C. 限温　　　　　　D. 以上都有

45. 在液相管两阀门之间应安装(　　)。

　　A. 温度计　　　　B. 过滤器　　　　　C. 安全阀　　　　　D. 紧急切断阀

46. 在标态下液化石油气比空气重,所以(　　)。

　　A. 液化石油气容易被吹散,危险性小

　　B. 液化石油气容易积聚于低洼处,危险性大

　　C. 液化石油气比天然气安全

　　D. 液化石油气更容易爆炸

47. 液态液化石油气在管道内的平均流速最大不应超过(　　)m/s。

　　A. 2　　　　　　　B. 3　　　　　　　C. 4　　　　　　　D. 5

48. 贮罐水压试验的目的是检验贮罐的(　　)。

　　A. 强度　　　　　B. 密封性　　　　　C. 缺陷　　　　　　D. 腐蚀程度

49. 安全阀起跳压力应(　　)被保护贮罐、设备或管道的设计压力。

　　A. 小于　　　　　B. 等于　　　　　　C. 大于　　　　　　D. 大于或等于

50. 液化石油气的相对密度(　　)。

　　A. 大于1　　　　B. 小于1　　　　　C. 等于1　　　　　D. 小于或等于1

51. 液化石油气的简写是(　　)。

　　A. LPG　　　　　B. LNG　　　　　　C. CNG　　　　　　D. SNG

52. 一般地说,燃气的热值越大,其完全燃烧所需的空气量(　　)。

　　A. 越大　　　　　　　　　　　　　　B. 越小

　　C. 与热值大小没关系　　　　　　　　D. 不确定

53. 燃气的高热值比低热值(　　)。

　　A. 大　　　　　　B. 小　　　　　　C. 相等　　　　　　D. 不确定

54. 单位数量物质由液态变成与之处于平衡状态的蒸汽所吸收的热量为该物质的
(　　)。

　　A. 凝结热　　　　B. 气化潜热　　　　C. 热焓　　　　　　D. 热值

55. 1标准立方米燃气完全燃烧后,烟气被冷却至原始温度,而其中的水蒸气以蒸汽
状态排出时所放出的热量为该物质的(　　)。

　　A. 凝结热　　　　B. 气化潜热　　　　C. 高热值　　　　　D. 低热值

56. 在热值单位换算中,36 000 kJ/Nm³ = (　　)。

　　A. 36 MJ/Nm³　　B. 3.6 MJ/Nm³　　C. 0.36 MJ/Nm³　D. 36 000 000 MJ/Nm³

57. 在热值单位换算中,2 MJ/Nm³ = (　　)。

　　A. 2 000 J/Nm³　　B. 2 000 kJ/Nm³　　C. 200 kJ/Nm³　　D. 20 000 J/Nm³

58. 在热值单位换算中,1 kcal/Nm³ = (　　)。

　　A. 4.2 J/Nm³　　B. 4.2 kJ/Nm³　　C. 4.2 MJ/Nm³　　D. 42 kJ/Nm³

59. 燃烧必须具备的条件有可燃物、助燃物及(　　)。
　　A. 二氧化碳　　B. 水蒸气　　　　　　C. 助燃物　　　　　D. 有能导致着火的能源

60. 以下不属于点火源的是(　　)。
　　A. 打火机发出的火焰
　　B. 因电路开启、切断、保险丝熔断等打出的火花
　　C. 二氧化碳
　　D. 雷电起火

61. 燃烧反应属于(　　)。
　　A. 物理反应　　B. 放热反应　　　　　C. 吸热反应　　　　D. 绝热反应

62. 1 kgf/cm^2 ≈ (　　)MPa。
　　A. 0.01　　　　B. 0.1　　　　　　　　C. 1　　　　　　　　D. 10

63. 烃泵充装钢瓶时必须打开(　　)。
　　A. 出液罐气相阀门　　　　　　　　B. 出液罐进口阀门
　　C. 安全回流阀　　　　　　　　　　D. 回流阀

64. 用水灭火的方法属于(　　)。
　　A. 隔离灭火法　　B. 冷却灭火法　　　C. 窒息灭火法　　　D. 化学抑制灭火法

65. 燃烧是两种物质起剧烈的(　　)而发热发光的现象。
　　A. 物理变化　　B. 化学反应　　　　　C. 溶解作用　　　　D. 乳化作用

66. 关于贮罐区及贮罐,以下说法不正确的是(　　)。
　　A. 罐区四周要设立高度不低于 1 m 的非燃烧实体防护围堤
　　B. 贮罐安装应水平,不得倾斜
　　C. 贮罐区应装设液化石油气浓度探头
　　D. 储罐区要严禁烟火

67. 压缩机启动前的准备工作,说法错误的是(　　)。
　　A. 检查机体是否有异常
　　B. 打开沿线阀门
　　C. 禁止排出气液分离器内的液态液化石油气
　　D. 检查润滑油的油质油量

68. 关于压缩机的维护保养,说法错误的是(　　)。
　　A. 为延长电动机的使用寿命,压缩机启动时应空载启动
　　B. 定期更换润滑油,保证润滑油的油量和油质符合要求
　　C. 为避免传动皮带打滑,传动皮带应尽量拉紧
　　D. 检查各部件的紧固情况

69. 压缩机装卸槽车安全操作,说法正确的是(　　)。
　　A. 车轮下的三角楔木可有可无
　　B. 必须先连接快速接头,再连接静电接线
　　C. 槽车停稳后,运行人员应收槽车启动钥匙,并在车正前方放置禁止启动警告
　　D. 装卸槽车时运行人员可以离开现场

70. 关于液化石油气库站总平面布置的要求,说法不正确的是( )。
    A. 贮罐区、灌装区、生活辅助区可呈一字形排列布置
    B. 贮罐区四周设不低于 1 m 围堰或围堤
    C. 应留有便于消防救护车自由进出的环行通道
    D. 贮罐总容积超过 1 000 m³时,生产区应设两个对外出入口,出入口宽度不应小于
       3 m

71. 液化石油气充分燃烧后的产物有( )。
    A. N_2 B. CO_2 C. H_2O D. B 和 C

72. 压力容器的( )应对压力容器的安全管理负责。
    A. 使用单位负责人   B. 安全员
    C. 操作运行工   D. 以上均是

73. 液化石油气的贮罐的设计温度为( )。
    A. 30 ℃   B. 40 ℃   C. 50 ℃   D. 60 ℃

74. 液化石油气残液罐的设计压力为( )。
    A. 0.98 MPa   B. 1.6 MPa   C. 1.77 MPa   D. 2.5 MPa

75. 液化石油气贮罐的设计压力为( )。
    A. 0.98 MPa   B. 1.6 MPa   C. 1.77 MPa   D. 2.5 MPa

76. 钢瓶内的液化石油气受到高温而引起的爆炸属于( )。
    A. 物理性爆炸   B. 化学性爆炸   C. 核爆炸   D. 爆炸

77. 液态液化石油气体积膨胀系数为水的( )倍。
    A. 2~8   B. 8~10   C. 10~16   D. 16~32

78. 在民用液化石油气中常用的加臭剂为( )。
    A. 甲硫醇   B. 硫化氢   C. 二氧化硫   D. 甲烷

79. 液化石油气贮罐使用的温度表的工作范围为( )。
    A. 0~100 ℃   B. -20~80 ℃   C. -40~60 ℃   D. -60~60 ℃

80. 液化石油气贮罐温度表检验周期为( )。
    A. 每年一次   B. 每年两次   C. 两年一次   D. 根据温度表的状况

81. 液化石油气贮罐液位计检验周期为( )。
    A. 每年一次   B. 半年一次   C. 两年一次   D. 根据液位计的状况

82. 安全阀的作用为( )。
    A. 超压自动放散泄压   B. 切断
    C. 防止液体倒流   D. 以上均有

83. 止回阀的作用为( )。
    A. 超压自动放散泄压   B. 切断
    C. 防止液体倒流   D. 以上均有

84. 烃泵装卸槽车安全操作,说法正确的是( )。
    A. 应连通气相管,加快装卸速度
    B. 可抽空槽车或出液罐

C. 在压力异常或有漏气情况下,必须装卸完才可检查和维修

D. 运行过程中容器的压力和液位变化可以不用关注

85. 槽车上必须装设至少一套压力测量装置,其精度等级不低于( )级。

A. 1.0　　　　B. 1.5　　　　C. 2.0　　　　D. 3.5

86. 钢瓶充装的安全操作,说法错误的是( )。

A. 调校充装秤,标定充装总重量

B. 先打开钢瓶角阀,再打开气枪送气阀

C. 先关闭钢瓶角阀,后关闭气枪送气阀

D. 发现钢瓶难以充气,可直接打开钢瓶角阀排气

87. 槽车的装卸系统不包括( )。

A. 安全阀　　B. 紧急切断阀　　C. 阀门箱　　D. 快速接头

88. 打开气动式紧急切断阀的氮气压力一般在( )MPa 以上。

A. 0.1　　　　B. 0.15　　　　C. 0.2　　　　D. 0.3

89. 烃泵的进出口压差应小于或等于( )MPa。

A. 0.5　　　　B. 1.0　　　　C. 1.5　　　　D. 2.0

90. 首次充装的钢瓶应进行( )。

A. 置换　　　B. 抽真空处理　　C. 水压试验　　D. A 和 B

91. 槽车上必须装设( )安全阀。

A. 外置全启式弹簧　　　　　　　B. 内置全启式弹簧

C. 内置微启式弹簧　　　　　　　D. 以上三种均可

92. 槽车每侧应有一只( )kg 以上的干粉灭火器。

A. 2　　　　　B. 5　　　　　C. 8　　　　　D. 10

93. 对压力容器定期检验,说法错误的是( )。

A. 外部检查每年至少一次

B. 投用后首次内外部检验周期一般为 3 年

C. 对于贮罐每三次内外部检验期间,至少进行一次耐压试验

D. 固定式压力容器的年度检查可以由使用单位的压力容器专业人员进行

94. 贮罐液压试验的试验压力是贮罐设计压力的( )倍。

A. 1.0　　　　B. 1.25　　　　C. 1.5　　　　D. 2.5

95. 以下( )情况,可以实施槽车装卸作业。

A. 附近有明火　　B. 喷淋装置已启动　　C. 雷雨天气　　D. 管道泄漏

96. 槽车安全阀的开启压力应为罐体设计压力的( )倍。

A. 1.05 ~ 1.1　　B. 1.2 ~ 1.3　　C. 1.3 ~ 1.4　　D. 1.4 ~ 1.5

97. 液化石油气卸车完毕后,要用压缩机将被卸空的槽车中的气态液化石油气抽回贮罐中,抽回时不宜使槽车内压力过低,一般应保持余压( )以上。

A. 0.1 MPa　　B. 0.15 MPa　　C. 0.2 MPa　　D. 0.5 MPa

98. 干粉灭火器( )要检查干粉结块情况。

A. 每周　　　　B. 每月　　　　C. 每季　　　　D. 每年

99. 防雷装置的接地电阻不大于(　　)。
　　A. 1 Ω　　　　　B. 10 Ω　　　　　C. 100 Ω　　　　D. 1 000 Ω

100. 单只避雷针的防护半径为其高度的(　　)倍。
　　A. 0.5　　　　　B. 1　　　　　C. 1.5　　　　D. 2

101. 液化石油气库站操作场所的地面应采用(　　)。
　　A. 橡胶地面　　　　　　　　　B. 混凝土地面
　　C. 不发火花地面　　　　　　　D. 木质地埋

102. 压缩机倒罐,两罐之间的压差应在(　　)范围内。
　　A. 0.1~0.2 MPa　　　　　　　　B. 0.2~0.3 MPa
　　C. 0.3~0.4 MPa　　　　　　　　D. 0.4~0.5 MPa

103. 测量液化石油气的可燃气体报警器探头安装时应距地面(　　)。
　　A. 0.1~0.2 m　　B. 0.6~0.8 m　　C. 0.3~0.6 m　　D. 1.2~1.5 m

104. 1 kgf/cm² 约为(　　)MPa。
　　A. 0.1　　　　　B. 1　　　　　C. 10　　　　D. 100

105. 液化石油气的液态密度随温度的升高而(　　)。
　　A. 变大　　　　B. 不变　　　　C. 减小　　　　D. 都有可能

106. 液化石油气用的橡胶软管必须(　　)年更换一次。
　　A. 1~2　　　　　B. 2~3　　　　　C. 3~4　　　　D. 4~5

107. 液化石油气贮罐可分为球形贮罐和(　　)。
　　A. 方形贮罐　　B. 卧式贮罐　　C. 圆柱形贮罐　　D. 以上均是

108. 液化石油气的质量充装系数为(　　)。
　　A. 0.42　　　　B. 0.8　　　　C. 4.2　　　　D. 8%

109. 外来进入生产区的车辆,必须加装(　　)。
　　A. 防火罩　　　B. 防爆设施　　C. 灭火器　　　D. 以上全是

110. 容积大于(　　)的储罐应装设两个安全阀。
　　A. 20 m³　　　B. 100 m³　　　C. 200 m³　　　D. 400 m³

111. 中断可燃物的供应,使燃烧停止的灭火方法称为(　　)。
　　A. 隔离灭火法　B. 冷却灭火法　C. 窒息灭火法　D. 化学抑制灭火法

112. 液体在(　　)下达到沸腾时的温度称为沸点。
　　A. 101.3 Pa　　B. 101.3 kPa　　C. 76 kPa　　　D. 76 Pa

113. 1 m³ 的丙烷完全燃烧,理论上需要空气量最接近(　　)m³。
　　A. 5　　　　　B. 15　　　　　C. 20　　　　D. 25

114. 压缩机按工作原理可分为速度式和(　　)。
　　A. 容积式　　　B. 活塞式　　　C. 螺杆式　　　D. 离心式

115. 过滤器是初步过滤液体或气体中的(　　)。
　　A. 水　　　　　B. 残液　　　　C. 润滑油　　　D. 杂质

116. 过滤器一般安装在压缩机的(　　)。
　　A. 进气管　　　B. 出气管　　　C. 放散管　　　D. 没有限制

117. 引入室内的架空金属管道,在入户处应与接地体装置相连,以防止( )。

    A. 直击雷   B. 感应雷

    C. 高电位侵入波   D. 都可以

118. 为了防止雷电感应,以下说法不正确的是( )。

    A. 将气站内所有金属物与接地装置相连

    B. 平行敷设的架空管线,净距不大于 100 mm 时,每隔 20 m 应跨接一次

    C. 小型液化石油气站,可在贮罐区装设 2 支避雷针,接地装置可与其他接地装置共用

    D. 管道交叉处,不应跨接

119. 槽车罐体底部的紧急切断阀在高压油路泄压后,应在( )s 内关闭。

    A. 5   B. 10   C. 20   D. 30

120. 装卸槽车时,槽车内应留余压为( )MPa 以上。

    A. 0.1   B. 0.3   C. 0.5   D. 1.5

121. 对干粉灭火器的维护与保养,说法错误的是( )。

    A. 瓶体每 2 年做一次 2.1 MPa 的水压试验

    B. 放置于干燥通风、易于取放的地点,并避免日晒

    C. 每年检查一次瓶体内干粉的结块情况

    D. 压力表读数应显示在工作压力范围内

122. 压缩机的进气压力应小于或等于( )MPa。

    A. 0.5   B. 1.0   C. 1.5   D. 2.0

123. 以下关于液化石油气库站的防洪及排水,说法不正确的是( )。

    A. 设在山区的气站,要避开易受山洪威胁的地段

    B. 气站内场地必须具有可行的排除污水及雨水的相应措施

    C. 采取地面找坡,并考虑地面及污水能顺畅排出

    D. 气站生产区内有组织的排水,可通过排水管直接排至站外

124. 关于液化石油气库站的选址说法不正确的是( )。

    A. 站址应避开地震带、地基沉陷、废弃矿井和雷区等地段

    B. 站址应远离村镇、学校、工业区、影剧院、体育馆和居民稠密区

    C. 站址与名胜古迹和文物保护区、通信与交通、电力枢纽保持 300 m 以上的安全距离

    D. 站址应选在城镇全年最小频率风向的下风向

125. 液化石油气贮罐的最高工作温度应控制在( )℃以下。

    A. 30   B. 40   C. 50   D. 60

126. 压缩机的排气压力应小于或等于( )MPa。

    A. 0.5   B. 1.0   C. 1.5   D. 2.0

127. 烃泵启动前的准备工作,说法错误的是( )。

    A. 检查机体是否有异常

    B. 烃泵进口阀门可用于调节流量

C. 打开排气阀排清泵体内的气体

D. 正确打开沿线阀门

128. 国家标准规定液化石油气(商品丙丁烷混合物)中戊烷及以上组分含量不大于( )。

A. 2%　　　　　B. 3%　　　　　C. 5%　　　　　D. 10%

129. 液化石油气库站从防火等级上属( )火灾危险场所。

A. 甲类　　　　B. 乙类　　　　C. 丙类　　　　D. 丁类

130. 关于液化石油气库站的防静电措施,说法不正确的是( )。

A. 防静电接体电阻应小于 100 Ω

B. 工作场所的工作人员,应穿防静电安全鞋,穿化纤工作服

C. 液化石油气系统上所用的金属设备必须连成一体,使等电位,并接地为零

D. 在液化石油气库站设置人体静电消除器,释放人体静电,以确保操作过程中人体静电安全

131. 过滤器一般安装在烃泵的( )。

A. 进液管　　　B. 出液管　　　C. 回流管　　　D. 没有限制

132. 气液分离器安装在压缩机的( )。

A. 进气管　　　B. 出气管　　　C. 四通阀前　　　D. 没有限制

133. 液化石油气在空气中的浓度高于爆炸上限时,( )爆炸。

A. 会发生　　　B. 不会发生　　　C. 可能会发生　　D. 有危险

134. 液化石油气球形贮罐有( )特点。

A. 受力较均匀　　　　　　　　　　B. 表面积小

C. 制造难度较大　　　　　　　　　D. ABC 均是

135. 液化石油气库站气液相管道要经常检查( )。

A. 脱漆、腐蚀　　B. 变形　　　　C. 泄漏　　　　D. ABC 均是

136. 压力表与压力容器之间,应装设( )。

A. 三通旋塞或针形阀　　　　　　　B. 阀门

C. 角阀　　　　　　　　　　　　　D. 以上均可

137. 液化石油气液体的体积膨胀系数随着温度的升高而( )。

A. 减小　　　　　B. 不变　　　　C. 变大　　　　D. 都有可能

138. 在容器中液化石油气气液相达到动态平衡的状态称为( )。

A. 平衡状态　　　B. 饱和状态　　　C. 不平衡状态　　D. 不饱和状态

139. 液化石油气液相变成气相( )。

A. 吸热　　　　　　　　　　　　　B. 放热

C. 不吸热不放热　　　　　　　　　D. 都有可能

140. 压力容器的主要工艺参数为压力和( )。

A. 密度　　　　　B. 体积　　　　C. 温度　　　　D. 充装系数

141. 液化石油气贮罐的压力表使用范围不得超过满刻度的( )。

A. 1/2　　　　　　B. 2/3　　　　　C. 3/4　　　　　D. 4/5

142. 工艺管线上安装的压力表的外径一般以( )为宜。

A. 50 mm B. 100 mm C. 150 mm D. 200 mm

143. 压力表检验的内容包括( )。

A. 铅封是否完好 B. 是否在有效检验期

C. 指针是否扭曲 D. 以上都是

144. 正常情况下每年为阀门加注密封脂、润滑脂( )次。

A. 1 B. 2 C. 3 D. 4

145. 不经常启闭的阀门,要定期( ),以保持阀门开启、关闭灵活。

A. 检验 B. 加润滑油 C. 维修 D. 转动手轮

146. 液化石油气库站区内的消防水总管呈( )布置。

A. 环状 B. 一字形 C. 枝状 D. 以上均可

147. 液化石油气库站管道防腐层损坏,处理方法为( )。

A. 更换管道 B. 立即停止所有操作

C. 一般不处理 D. 除锈、做防腐

148. 埋地钢管应在当地冰冻线以下,且不得小于( )m,同时要做好防腐处理。

A. 0.6 B. 0.8 C. 1.0 D. 1.2

149. 液化石油气库站气液相管道应设置导静电装置,接地电阻应( )。

A. 大于 100 Ω B. 等于 100 Ω C. 不大于 100 Ω D. 不用考虑

150. 已有 2 个贮罐,用 1 号贮罐的液化石油气充装钢瓶,压缩机进口接 2 号贮罐( ),压缩机出口接 1 号贮罐( )。

A. 液相、液相 B. 气相、气相 C. 液相、气相 D. 气相、液相

151. 烃泵充装钢瓶是利用烃泵( )的功能,将液相液化石油气从贮罐内输送给待充钢瓶。

A. 输送液体 B. 升压 C. 压缩气体 D. A 和 B

152. 液位计检查内容为( )。

A. 外观 B. 灵敏度 C. 有无泄漏 D. ABC 均是

153. 液位计应整改的情况是( )。

A. 超过规定的检验期限 B. 玻璃板有裂痕、破裂

C. 液位计指示模糊不清 D. ABC 均是

154. 属于液化石油气库站贮罐安全附件的是( )。

A. 安全阀 B. 压力表

C. 紧急切断装置 D. 以上均是

155. 气动式紧急切断阀应( )检查压力和开度。

A. 每天 B. 每周 C. 每月 D. 每年

156. 拆卸管道阀门进行更换时,应首先( )。

A. 关闭前后阀门 B. 关闭前端阀门

C. 关闭阀门所在管道上所有阀门 D. 关闭气源

157. 阀门的试验介质一般为( )。

　　A. 压缩空气　　　B. 氮气　　　　　　C. 清水　　　　　　D. 以上均可

158. 四通阀作用是(　　　)。

　　A. 根据操作实现压缩机进气、排气切换　　　　　B. 截止作用

　　C. 压缩机超压放散　　　　　　　　　　　　　　D. 导通管路

159. 液化石油气压缩机排气管上的安全阀的开启压力是(　　　)。

　　A. 1.0 MPa　　　B. 1.5 MPa　　　　C. 1.7 MPa　　　　D. 2.1 MPa

160. 压缩机型号:ZG - 0.75/10 - 15,ZG,吸气压力约为(　　　)。

　　A. 10 MPa　　　B. 15 MPa　　　　C. 1 MPa　　　　　D. 1.5 MPa

161. 压缩机型号:ZG - 0.75/10 - 15,ZG,排气压力约为(　　　)。

　　A. 10 MPa　　　B. 5 MPa　　　　　C. 1 MPa　　　　　D. 1.5 MPa

162. 使用压缩机卸车时,要排空(　　　)中的液体,防止有气体携带液体进入汽缸。

　　A. 气液分离器　B. 过滤器　　　　C. 排气管　　　　D. 进气管

163. 装卸汽车罐车时,静电接地电阻要小于(　　　)。

　　A. 1 Ω　　　　　B. 10 Ω　　　　　C. 20 Ω　　　　　D. 100 Ω

164. 液化石油气库站装卸车操作时槽车不得(　　　)。

　　A. 熄火　　　　　B. 拉手刹　　　　C. 随意启动　　　D. 以上全是

165. 从工作原理上讲,压缩机倒罐和(　　　)相同。

　　A. 烃泵装卸车　　　　　　　　　　　　　　　　B. 压缩机装卸车

　　C. 烃泵 - 压缩机联合充装钢瓶　　　　　　　　D. 压缩机充装钢瓶

166. 阻止空气进入燃烧区,使燃烧停止的灭火方法称为(　　　)。

　　A. 隔离灭火法　B. 冷却灭火法　　C. 窒息灭火法　　D. 化学抑制灭火法

167. 使可燃物质的温度降到燃点以下,使燃烧停止的灭火方法称为(　　　)。

　　A. 隔离灭火法　B. 冷却灭火法　　C. 窒息灭火法　　D. 化学抑制灭火法

168. 通过喷入火区的灭火剂吸收燃烧过程中产生的自由基,从而使燃烧反应停止的灭火方法称为(　　　)。

　　A. 隔离灭火法　B. 冷却灭火法　　C. 窒息灭火法　　D. 化学抑制灭火法

169. 用二氧化碳、水蒸气充斥燃烧空间等,使可燃物无法获得空气而停止燃烧的灭火方法称为(　　　)。

　　A. 隔离灭火法　B. 冷却灭火法　　C. 窒息灭火法　　D. 化学抑制灭火法

170. 压缩机型号:ZG - 0.75/10 - 15,ZG,排气量为(　　　)。

　　A. 0.75 m³/min　B. 0.75 m³/h　　C. 10 m³/min　　D. 15 m³/min

171. 滑片泵启动时应打开(　　　),再启动电动机。

　　A. 安全阀　　　　B. 止回阀　　　　C. 安全回流阀　　D. 回流阀

172. 运输液化石油气钢瓶的车辆要有明显的(　　　)。

　　A. 危险品标志　B. 严禁烟火　　　C. 钢瓶标志　　　D. 无要求

173. 关于滑片泵不正确的是(　　　)。

　　A. 有无异常声响和振动

　　B. 注意检查泵体有无泄漏,如有应立即停泵处理

C. 作业中严禁关闭出口阀门

D. 出口压力应≥1.5 MPa,否则应立即停车

174. 滑片泵必须在( )下进行维修保养。

A. 断电 B. 停机 C. 运行 D. 以上都不可以

175. 流体臂分陆用流体臂和( )。

A. 船用流体臂 B. 火车罐车用流体臂

C. 槽车用流体臂 D. 专用流体臂

176. 陆用流体臂大多为( )驱动。

A. 气动 B. 手动 C. 电动 D. 以上全有

177. 型号为YSP35.5的液化石油气钢瓶最大充装量为( )。

A. 5 kg B. 14.9 kg C. 26.2 kg D. 49.5 kg

178. 型号为YSP118的液化石油气钢瓶的最大充装量为( )。

A. 5 kg B. 14.9 kg C. 26.2 kg D. 49.5 kg

179. 型号为YSP12的液化石油气钢瓶最大充装量为( )。

A. 5 kg B. 14.9 kg C. 26.2 kg D. 49.5 kg

180. 不是液化石油气钢瓶组件的是( )。

A. 筒体 B. 护罩 C. 瓶阀 D. 放散阀

181. 液化石油气钢瓶护罩的作用是( )。

A. 更美观 B. 便于钢印 C. 保护瓶阀 D. 保护瓶体

182. 钢瓶与灶具的距离不小于( )。

A. 0.5 m B. 1.0 m C. 1.5 m D. 2.0 m

183. 以下说法错误的是( )。

A. 充装钢瓶前要校验充装秤

B. 充装钢瓶前要检查充装秤

C. 充装钢瓶前检查充装枪密封圈

D. 充装钢瓶时发生微漏气时可继续充装

184. 压缩机的机油油位应处在( )。

A. 油尺上刻度以上 B. 油尺下刻度以下

C. 油尺上下刻度之间 D. 只要有就可以

185. 泵启动后应查看进、出口压力表,缓缓关闭回流阀,待进出口压力差达到( )时,泵进入正常运转。

A. 0.1~0.2 MPa B. 0.3~0.5 MPa

C. 0.5~0.8 MPa D. 1~1.5 MPa

186. 压缩机的排气温度均不得超过( )。

A. 30 ℃ B. 50 ℃ C. 100 ℃ D. 150 ℃

187. 压缩机的安全阀( )至少检验一次。

A. 一年 B. 半年 C. 三个月 D. 两年

188. 压缩机的进气温度均不得超过( )。

　　A. 30 ℃　　　　　B. 50 ℃　　　　　C. 100 ℃　　　　　D. 150 ℃

189. 新安装或大修后的压缩机,在运行(　　)后需更换一次机油。

　　A. 12 h　　　　　B. 24 h　　　　　C. 48 h　　　　　D. 一周

190. 防静电接地(　　)测试一次。

　　A. 一年　　　　　B. 半年　　　　　C. 三个月　　　　D. 两年

191. 烃泵因汽蚀而发生振动及噪声过大,处理方法是(　　)。

　　A. 调整皮带　　　　　　　　　B. 停机、排除气体

　　C. 紧固相关部件　　　　　　　D. 调整参数

192. 烃泵泵体内有气体的现象是(　　)。

　　A. 出口压力变大　　　　　　　B. 泵体温度升高

　　C. 漏气　　　　　　　　　　　D. 振动和噪声

193. 安全回流阀开启压力过低,会导致(　　)。

　　A. 进出口压差小　　　　　　　B. 进出口压差大

　　C. 振动　　　　　　　　　　　D. 噪声

194. 拆卸鹤管时应先拆去(　　)。

　　A. 垂管　　　　　B. 万向节　　　　C. 平衡器　　　　D. 法兰接头

195. 在用 YSP118 型钢瓶每(　　)检验一次。

　　A. 一年　　　　　B. 两年　　　　　C. 三年　　　　　D. 四年

196. 一般液化石油气钢瓶上面的“液化石油气”字样为(　　)。

　　A. 黄色　　　　　B. 白色　　　　　C. 红色　　　　　D. 银灰色

197. 压缩机充装钢瓶是利用压缩机提升液化石油气贮罐内的(　　),使液态液化石油气流入钢瓶。

　　A. 压力　　　　　B. 温度　　　　　C. 体积　　　　　D. 以上均不是

198. 正常运行的压缩机(　　)更换一次机油。

　　A. 每天　　　　　B. 每周　　　　　C. 每月　　　　　D. 每季

199. 钢瓶残液一般用(　　)进行回收。

　　A. 压缩机　　　　　　　　　　B. 烃泵

　　C. 压缩机 - 烃泵联合　　　　　D. 残液泵

200. 进入库站装卸液化石油气的槽车,要检查(　　)。

　　A. 司机的危险化学品车准驾证　　B. 槽车使用证

　　C. 押运员证　　　　　　　　　D. ABC 均要

5.2.2　多项选择题

1. 城镇燃气气源种类有(　　)。

　　A. 天然气　　　B. 人工煤气　　　C. 液化石油气　　D. 沼气

2. 液化石油气的主要组分是(　　),在常温常压下呈气态。

　　A. C1　　　　　B. C2　　　　　C. C3　　　　　D. C4

3. 液化石油气中(　　)含过多会使液化石油气的蒸气压过大,影响液化石油气的储

存、运输和使用安全。

    A. 甲烷   B. 乙烷   C. 丙烷   D. 丁烷

4. 液化石油气中的残液通常是指( )，常温下呈液态，不能气化使用。

    A. C3   B. C4   C. C5   D. C5 以上

5. 燃烧的三要素是( )。

    A. 可燃物   B. 助燃物   C. 点火源   D. 助火源

6. 防雷装置包括( )。

    A. 接闪器   B. 引下线   C. 接地体   D. 防雷器

7. 属于点火源的是( )。

    A. 明火   B. 静电火花   C. 电气火花   D. 雷电火花

8. 三级安全教育包括( )安全教育。

    A. 工位级   B. 车间级   C. 岗位级   D. 厂站级

9. 残液回收方法有( )。

    A. 正压法   B. 负压法   C. 倒立法   D. 正立法

10. 液态液化石油气在常压下极易气化并吸热，造成冻伤事故，故充装时操作人员必须( )。

    A. 戴口罩   B. 穿棉制工作服   C. 穿防静电皮鞋   D. 戴防冻手套

11. 压缩机运行时，下列说法错误的是( )。

    A. 压缩机自动给气体加压，运行人员可离开现场

    B. 发现漏气，压缩机应继续工作，直到任务完成，再进行维修

    C. 润滑油压力必须大于或等于 0.15 MPa，否则停机检查

    D. 压缩机运行时不用查看出口压力

12. 关于烃泵的维护保养，下列说法正确的是( )。

    A. 烃泵启动时应全开回流阀，使烃泵空载启动

    B. 烃泵不可以空转

    C. 设备清洁，各部件完好

    D. 机组无异常响声，无异常振动

13. 属于压力单位是( )。

    A. MPa   B. bar   C. F   D. kg/cm^2

14. 以下( )情况，不可以实施槽车装卸作业。

    A. 附近有明火   B. 压力异常   C. 雷雨天气   D. 管道泄漏

15. 灭火的基本方法有( )。

    A. 隔离灭火法   B. 冷却灭火法   C. 窒息灭火法   D. 化学抑制灭火法

16. 关于消防水池说法正确的是( )。

    A. 消防水池的储水量应保持连续 6 h 的消防总用水量

    B. 补水时间不宜超过 72 h

    C. 保护半径不应超过 150 m

    D. 消防水池的容量超过 1 000 m^3 时，应分设成两个

17. LPG 库站消防水系统的组成包括(　　　)。

　　A. 消防水池　　　B. 消防水泵　　　　C. 喷淋装置　　　D. 消防水带及消防水枪

18. 下列关于活动扳手使用的注意事项正确的是(　　　)。

　　A. 活动扳手只适用于拆装表面是多边形结构的管件

　　B. 活动扳手可当作撬棒或手锤使用

　　C. 使用活动扳手时可以套加力管来施加较大的力矩

　　D. 活动扳手不可反用,以免损坏活动扳唇

19. 下列关于套筒扳手使用的注意事项正确的是(　　　)。

　　A. 根据被扭件选规格

　　B. 根据被扭件所在位置、大小选择合适的手柄

　　C. 扭动前必须把手柄接头安装稳定才能用力,防止打滑脱落伤人

　　D. 扭动手柄时用力要平稳,用力方向与被扭件的中心轴线平行

20. 下列关于管钳使用的注意事项正确的是(　　　)。

　　A. 钳头要卡紧工件后再用力扳,防止打滑伤人

　　B. 搬动手柄时,注意承载扭矩,不能用力过猛,防止过载损坏

　　C. 一般管子钳不能作为锤头使用

　　D. 不能夹持温度超过 300 ℃的工件

21. 下列关于压缩机卸槽车的气、液相流经路线正确的是(　　　)。

　　A. 液相:槽车→液相管→贮罐　　　　B. 气相:贮罐→压缩机→槽车

　　C. 液相:贮罐→液相管→槽车　　　　D. 气相:槽车→压缩机→贮罐

22. 下列关于烃泵装卸槽车的气、液相流经路线正确的是(　　　)。

　　A. 液相:贮罐→烃泵→槽车　　　　　　B. 气相:槽车→气相管→贮罐

　　C. 液相:槽车→烃泵→贮罐　　　　　　D. 气相:贮罐→气相管→槽车

23. 液化石油气钢瓶充装工艺有(　　　)。

　　A. 烃泵充装钢瓶　　　　　　　　　　B. 压缩机充装钢瓶

　　C. 压缩机和烃泵联合充装钢瓶　　　　D. 自动充装钢瓶

24. 液化石油气瓶组站分为(　　　)。

　　A. 使用组　　　　　　　　　　　　　B. 备用组

　　C. 液相瓶组站　　　　　　　　　　　D. 气相瓶组站

25. 自然气化的特点(　　　)。

　　A. 气化量大　　　　　　　　　　　　B. 气体成分会变化

　　C. 不需要加热设备,不耗能　　　　　D. 常用于供气量不大的场合

26. 满足(　　　)条件应启动喷淋水管给贮罐喷淋冷却降温。

　　A. 气站处于事故状态

　　B. 夏季期间,贮罐压力达到 1.3 MPa

　　C. 贮罐内液相温度达 35 ℃

　　D. 室外气温超过 40 ℃

27. 在贮罐的(　　　)处必须安装气动式紧急切断阀。

A. 气相管　　　　B. 放散管　　　　　C. 进液管　　　　　D. 出液管

28. 下列关于安全阀安装的要求正确的是(　　　)。

    A. 安全阀应当铅直安装,装设在贮罐上部气相空间部分

    B. 安全阀应装放散管,放散管管口应高出贮罐操作平台 2 m 以上,且高出地面 5 m

    C. 为便于安全阀的清洗、更换和校验,外置弹簧式安全阀与贮罐间应安装一只闸阀或截止阀,贮罐运行时必须处于全开状态,并加铅封

    D. 安全阀装设位置,应当便于检查和维修

29. 下列关于贮罐液位计的说法正确的是(　　　)。

    A. 在安装前应当进行 1.15 倍液位计公称压力的液压试验

    B. 液位计应当安装在便于观察的位置

    C. 液位计上应当标示最高液位红线

    D. 运行操作人员,应当加强对液位计的维护管理,保持完好和清晰

30. 下列关于槽车紧急切断阀的说法正确的是(　　　)。

    A. 油压式紧急切断阀应保证在工作压力下全开,并持续放置 48 h 不致引起自然闭止

    B. 紧急切断阀自开始关闭起,应在 30 s 内完全关闭

    C. 紧急切断阀制成后必须经耐压试验和气密试验检查合格

    D. 紧急切断阀在出厂前应根据有关规定和标准的要求经振动试验和反复操作试验检查合格

5.2.3　判断题

(　　　)1. 燃气热值就是 1 Nm³ 燃气燃烧到一定程度所放出的热量,单位 kJ/Nm³。

(　　　)2. 燃气热值单位是"kW"。

(　　　)3. 1 标准立方米燃气完全燃烧所放出的热量称为该燃气的热值。

(　　　)4. 低热值是指规定量的气体完全燃烧,燃烧产物的温度与燃气初始温度相同,所生成的水蒸气保持气相,而释放出的热量。

(　　　)5. 液化石油气库站巡检中发现的问题和处理情况要及时汇报。

(　　　)6. 用烃泵充装钢瓶时,必须打开回流阀,以防钢瓶充装结束后而烃泵未停止造成管道憋压。

(　　　)7. 用压缩机充装钢瓶时,当出液储罐的压力升高至 1.0 MPa 以上时,即可向钢瓶内充液。

(　　　)8. 充装后钢瓶超重只要由用户补差价就可以了。

(　　　)9. 液化石油气槽车驾驶员应取得当地安全监督主管单位经考核发给的危险化学品车的准驾证。

(　　　)10. 消防工作方针是"安全第一、预防为主"。

(　　　)11. 烃泵的安装高度应保证泵入口处液化石油气的压力小于相应温度下的饱和蒸气压。

(　　　)12. 汽车槽车可直接充装液化石油气钢瓶。

（　　）13. 槽车装卸软管的额定工作压力不低于装卸系统最高工作压力的 4 倍。

（　　）14. 液化石油气库站可以设在有地下通道和地下防空洞的地方。

（　　）15. 压力表、温度表和液位计均应标注最高刻度红线。

（　　）16. 消防报警电话是"119"。

（　　）17. 钢瓶的水压爆破试验破裂时形成碎片,该只钢瓶为不合格。

（　　）18. 对于 100 m³ 和大于 100 m³ 贮罐宜选用一只大口径的安全阀。

（　　）19. 操作场地的地面应选用导电率较高的材料。

（　　）20. 罐车运输应有明显的"危险品"标志,并按指定路线行驶。

（　　）21. 贮罐中的残液可由烃泵抽往残液罐。

（　　）22. YSP35.5 的钢瓶第三次检验的有效期为 4 年。

（　　）23. 气瓶的钢印标志有气瓶的制造钢印标志和检验钢印标志。

（　　）24. 液化石油气库站防火基本原理是不让燃烧三要素同时存在。

（　　）25. 冷却法灭火属于化学方法。

（　　）26. 总容积超过 50 m³ 或者单个罐容积超过 20 m³ 的液化石油气储罐或者储罐区应设置固定喷淋装置。

（　　）27. 石棉被可用于钢瓶着火、地面小面积的初期火焰的灭火。

（　　）28. 灭火基本原理是通过喷洒灭火剂使燃烧的物体温度降低来达到灭火效果的。

（　　）29. 压缩机在运行过程中有异常声音时可以继续运行,等待维修人员来检查。

（　　）30. 压缩机装卸车的原理是利用压缩机具有抽吸和加压输出气体的功能。

（　　）31. 压缩机通过四通阀实现进气、排气管道切换。

（　　）32. 压缩机按其工作原理不同可分为活塞式和速度式两大类。

（　　）33. 压缩机设置过滤器的作用是防止杂质进入。

（　　）34. 液化石油气钢瓶运输车应配备消防器材,司机和押运员会熟练使用。

（　　）35. 驾驶室内严禁吸烟,钢瓶装卸过程中严禁摔、砸、滚、撞钢瓶。

（　　）36. 液化石油气库生产区可以使用普通电气设备。

（　　）37. 液化石油气倒罐前要对进出液罐的液位、压力等参数做好记录。

（　　）38. 烃泵倒罐,与进液贮罐气相管线相连的是压缩机的进气管。

（　　）39. 充装时贮罐充装量超过警戒液位时必须进行倒罐。

（　　）40. 当贮罐不慎超过了警戒液位,要停止进液,把超限部分倒入其他贮罐。

（　　）41. 贮罐内压力较低时,可以采用烃泵 - 压缩机联合充装。

（　　）42. 压缩机充装钢瓶,压缩机启动后就可以充装钢瓶。

（　　）43. 烃泵卸车时可以把槽车卸空。

（　　）44. 压缩机充装钢瓶,利用压缩机升高出液罐的压力,贮罐的进液管接通待充装钢瓶。

（　　）45. 进液化石油气库站的槽车可不用加装防火帽。

（　　）46. 对使用期限超过 20 年的任何类型钢瓶,登记后不予检验,按报废处理。

（　　）47. 钢瓶登记时不用逐只检查登记钢瓶的制造标志和检验标志。

（　　）48. 烃泵进出口无压差可能是电动机转向不对引起的。

（　　）49. 烃泵启动前,应检查地角螺丝有无松动、润滑油量,并打开回流阀,排清泵内气体。

（　　）50. 汽车罐车上应备有两个 5 kg 以上的干粉灭火器。

（　　）51. 钢瓶充装台地面应选用导电率较高的材料。

（　　）52. 压力表的校正、检验工作任何人都可以做。

（　　）53. 连续运行的滑片泵可以用手触摸是否烫手来判断温度是否异常,要求轴承盖温度不得高于环境温度 40 ℃,否则应停机处理。

（　　）54. 泵要停车时,按下停止按钮,然后关泵出口阀,再打开回流阀。

（　　）55. 采用压缩机充装钢瓶时,其压差应保持在 0.5 MPa。

（　　）56. 正常使用的压缩机过滤器要定期清洗,以免堵塞减小压缩机压力。

（　　）57. 充装钢瓶结束后,先关闭液化石油气液相阀,再停止烃泵运转。

（　　）58. 手工充装钢瓶时,为了提高效率可以一个人操纵数台充装秤。

（　　）59. 当气液分离器关闭进气通道时,压缩机的进气压力会急速下降,应立即停机处理。

（　　）60. 止回阀只能安装在单向流动的管道上。

（　　）61. 消防水管只能用于发生火灾时进行消防喷淋。

（　　）62. 贮罐的液压试验应为其设计压力的 2 倍。

（　　）63. 安全生产管理应坚持"安全第一、预防为主"的方针。

（　　）64. 烃泵进出液管段上分别安装高压软管是为了减少烃泵的振动沿管线传出。

（　　）65. 液化石油气用压力表表盘直径一般不小于 100 mm,每半年校验一次。

（　　）66. 过期钢瓶只要不存在其他缺陷,可以充装。

（　　）67. 槽车罐体或安全附件、阀门等有异常,不得进行充装作业。

（　　）68. 贮罐区的贮罐上方允许架设电力线。

（　　）69. 烃泵出液管上必须安装止回阀和安全回流阀。

（　　）70. 贮罐进行气密性试验时无泄漏即为合格。

（　　）71. 防雷电装置的引下线的截面面积一般不应小于 48 mm^2。

（　　）72. 压缩机活塞环的作用是密封活塞与缸壁之间的空隙,防止压缩气体漏到活塞。

（　　）73. 压缩机启动前,检查压缩机各运动部件及静止机件的坚固和防松情况。

（　　）74. 气动充装秤充装钢瓶时,当称量达到定值时,关闭阀门,停止充装。

（　　）75. 离心泵的油箱内油位低于刻度线时,加润滑油。

（　　）76. 在装卸过程中,遇到雷击天气、附近有火灾、液化石油气泄漏、液压异常或其他不安全因素时,应停止装卸。

（　　）77. 滑片泵的滑片装在转子上的滑片槽内,并能沿槽滑动。

（　　）78. 钢瓶的公称工作压力为 2.1 MPa,水压试验压力为 3.2 MPa。

（　　）79. 对使用期限超过 15 年的任何类型钢瓶,应报废。

（　　）80. 特种作业人员必须经相关部门对其进行特种作业培训,并经考核合格取得相应工种的操作证后,方可上岗操作。

（　　）81. 液化石油气完全对人体无害。

（　　）82. 充装秤有机械式和气控式两种,其原理均为杠杆平衡原理。

（　　）83. 液化石油气钢瓶摆放时,实瓶应单层,空瓶可任意摆放。

（　　）84. 液化石油气钢瓶库可以不用装设可燃气体浓度泄漏报警器。

（　　）85. 液化石油气钢瓶库内地面应为不发生火花的地面,且能导除静电。

（　　）86. 液化石油气空钢瓶与实瓶应分开放置,并有明显标志,库内不得存放其他物品。

（　　）87. 真空泵属于叶片式泵。

（　　）88. 贮罐安全阀前阀门必须保持全开并加铅封。

（　　）89. 液化石油气用压力表的量程以 2.5 MPa 为宜,精度等级高于 1.0 级。

（　　）90. 槽车装卸台与贮罐的防火间距不应小于 30 m。

（　　）91. 汽车罐车未按规定进行定期检验,仍可进行充装作业。

（　　）92. 输送液态液化气管道中任何一点的压力都必须低于管道中液化石油气所处温度下的饱和蒸气压。

（　　）93. 装卸车操作过程中,可以不用检查阀门的开关位置是否正确,仪表指示是否正常。

（　　）94. 油压式紧急切断阀是利用手摇油泵,将高压油沿管道送至紧急切断阀的油缸中,推动带阀芯的缸体移动,从而实现开启和关闭的目的。

（　　）95. 气动式紧急切断阀是采用压缩气体进行远距离控制气液相管线的阀。

（　　）96. 液化石油气气化器的进口管线上加装止回阀。

（　　）97. 液化石油气的主要成分是丙烷、丙烯、丁烷和丁烯。

（　　）98. 代天然气的成分是液化石油气掺混空气。

（　　）99. 液化石油气中可以加入加臭剂以保证用气安全。

（　　）100. 液化石油气的充装,不应在敞开或半敞开式建筑内进行。

（　　）101. 液化石油气贮罐属于一类压力容器。

（　　）102. 液化石油气槽车属于三类压力容器。

（　　）103. 液化石油气库站气液相管防腐层脱落位置要重新除锈刷漆。

（　　）104. 检验完好的压力表要加铅封。

（　　）105. 压力表的装设位置应便于人员观察、更换与检修。

（　　）106. 止回阀的作用是防止输送介质倒流。

（　　）107. 水分是液化石油气中的有害物质,应尽量排除。

（　　）108. 液化石油气在储存输送中要防止泄漏。

（　　）109. 可燃气体与空气的混合物遇到火源能够发生爆炸的浓度范围称为爆炸极限。

（　　）110. 在两阀门之间的液相管段上应装设管道安全阀。

（　　）111. 大型液化石油气库站贮罐应安装最高液位和压力报警系统。

（　）112. 二氧化碳灭火剂的灭火作用主要是化学抑制灭火。

（　）113. 单支避雷针的防护半径为其高度的 2 倍。

（　）114. 国标规定液化石油气中不含游离水。

（　）115. 钢瓶在满液的情况下，温度上升 1℃，钢瓶内压力升高 2～3 MPa。

（　）116. 液化石油气燃烧不完全时将产生一氧化碳等有毒气体，危及用户的安全。

（　）117. 罐车上的接地链的作用是加强罐车行驶的稳定性。

（　）118. 在启动压缩机前必须排清气液分离器内的液体，防止液体被吸入汽缸，引起压缩机爆缸。

（　）119. 运输钢瓶的载重汽车上应有危险品标志，并应备有两个 3 kg 以上的干粉灭火器。

（　）120. 液化石油气库站可以设在有地下通道和地下防空洞的地方。

（　）121. 紧急切断阀自开始关闭起，应在 10 s 内完全关闭。

（　）122. 在正常的装卸操作时，为了确保安全紧急切断阀要处于关闭状态。

（　）123. 玻璃板式液位计是根据连通器的原理制成的。

（　）124. 压力容器使用单位必须指定具有压力容器专业知识的工程技术人员具体负责安全技术管理工作。

（　）125. 液化石油气贮罐的设计温度为 100 ℃。

（　）126. 压力表不用检测压力表是否在有效期检验内。

（　）127. 液化石油气槽车可以安装玻璃板式液位计。

（　）128. 储配站的总体布置中，最好将贮罐区、灌装区和辅助区呈一字形排列，并让灌装区居中。

（　）129. 贮罐区内的排水井里任何时候都必须有足够的水。

（　）130. 钢瓶的气密性试验压力为 2.1 MPa，保压时间不得小于 1 min。

（　）131. 在使用压缩机装槽车或灌瓶时，需要提前对贮罐升压。

（　）132. 压缩机的排气温度应低于 100 ℃。

（　）133. 二氧化碳灭火器使用时应采取防冻措施，避免冻伤。

（　）134. 压缩机的润滑油温度应大于 60 ℃。

（　）135. 干粉灭火剂的灭火作用主要是冷却灭火。

（　）136. 液化石油气站必须贮存足够的消防水，消防水的主要作用是灭火。

（　）137. 液化石油气钢瓶充装时必须限制充装量。

（　）138. 液化石油气压力表的量程以 2.5 MPa 为宜。

（　）139. 钢瓶残液一般用烃泵进行回收。

（　）140. 紧带器是专门用来拉紧钢带和钢丝的机具。

（　）141. 压力表的检验不检查压力表是否在有效检验期内。

（　）142. 压力表的指针外壳严重腐蚀时应更换。

（　）143. 贮罐的宏观检查是用肉眼或放大镜直接观察容器的表面发现表面缺陷的贮罐进行内外部检查的基本方法。

（　　）144. 连接贮罐的第一道阀门应处于常闭状态。

（　　）145. 装卸车完毕后,应将液相管和气相管中的液化石油气从软管放散角阀排净,方可卸开连接管。

（　　）146. 贮罐区设围堰,是防止液化石油气泄漏时起阻隔作用。

（　　）147. 防冻排污阀的作用是防止贮罐排污时阀内结冰使阀门关闭不严。

（　　）148. 钢瓶或贮罐中充满液化石油气,温度每升高 1 ℃,容器内的压力会急剧降低。

（　　）149. 液化石油气泄漏后,会向低处流动并积聚,很容易达到爆炸极限范围。

（　　）150. 压力容器内的温度和压力不同,液化石油气气态的密度会发生变化。

（　　）151. C5 及 C5 以上组分会形成液化石油气贮罐中的残液。

（　　）152. 液化石油气充装钢瓶是可以充满的。

（　　）153. 氧气在空气中占的体积分数约为 21%。

（　　）154. 烃的沸点越低就越不容易汽化。

（　　）155. 普通扳手可以使用加套筒方法来加力操作。

（　　）156. 干粉灭火器主要是利用干粉对燃烧反应的化学抑制作用灭火的。

（　　）157. 燃气按照其来源和生产方法可分为人工燃气、天然气、液化石油气和沼气四类。

（　　）158. 人工煤气可分为油制气、液化石油气两种。

（　　）159. 液化石油气贮罐的设计温度为 50 ℃。

（　　）160. 双面玻璃板式液位计可用于槽车和槽船。

（　　）161. 装卸作业时操作人员和槽车押运员可离开现场。

（　　）162. 贮罐站的操作人员可穿普通化纤工作服。

（　　）163. 贮罐的气密性试验压力应为其设计压力。

（　　）164. 贮罐进行气密性试验一般用空气,保压时间不少于 15 min。

（　　）165. 贮罐投入运行使用后,如果无大故障出现,不需对贮罐进行定期检查。

（　　）166. 贮罐进行液压试验时,无渗漏,无可见的异常变形,试验过程中无异常的响声为合格。

（　　）167. 液化石油气的主要组分是丙烷和丁烷。

（　　）168. 离心泵是依靠泵的叶轮旋转时产生的离心力而输送液体。

（　　）169. 罐车上使用的液位计是玻璃板式液位计。

（　　）170. 水压试验时钢瓶需测定容积残余变形率。

（　　）171. 进行水压爆破试验的钢瓶破裂时形成碎片或断口在封头、焊缝上为试验不合格。

（　　）172. 液化石油气液相的相对密度在 0.5 ~ 0.59 之间,大概为水的一半。

（　　）173. 液化石油气中的水分从贮罐的底部的排污阀放出。

（　　）174. 纯液化石油气也会对贮罐产生腐蚀反应。

（　　）175. 液化石油气库站贮罐的喷淋系统应定期检查维修。

（　　）176. 液化石油气钢瓶运输车应配备消防器材,司机不要求会使用。

（　　）177. 在卸车过程中，操作运行工不能离开现场，以便解决突发事件，槽车司机和押运员没有严格要求。

（　　）178. 槽车到站停车后，在车轮下加三角木是防止槽车滑动。

（　　）179. 当出现雷雨天气、压力异常、管线泄漏、附近有明火情况严禁实施装卸作业。

（　　）180. 钢瓶残液回收工艺有正压法和负压法两种方法。

（　　）181. 贮罐按是否埋地分为地上贮罐和地下贮罐。

（　　）182. 围堰作用是阻止事故状态贮罐区泄漏的液化气迅速向外扩散。

（　　）183. 水封井内的水位低于最低水位，也能起到水封的作用。

（　　）184. 经检修贮罐或新贮罐投入使用必须对贮罐进行置换。

（　　）185. 发现气体泄漏，应采取措施堵漏，可以使用黑色金属工具。

（　　）186. 当出现大面积火灾，无法靠近槽车时，阀门箱内位于手摇油泵的易熔合金塞被加热至（70±5）℃时熔化，油路泄压，使紧急切断阀关闭。

（　　）187. 液化石油气库站的操作阀门和高压软管末端的阀门都常用球阀。

（　　）188. 压缩机空载启动是指全开回流阀，让压缩机的进出口压差为零。压缩机空载启动，待运转平稳后，再缓慢关闭回流阀，提高出口压力。

（　　）189. 为防止"液击"事故发生，压缩机配置了气液分离器。

（　　）190. 在有些情况下，四通阀的手柄可以处在倾斜的位置。

（　　）191. 烃泵上的止回阀的作用是防止出口管线压力过高，液体回流泵内，造成烃泵损坏。

（　　）192. 烃泵运转时要注意观察烃泵有无杂音、过热、漏气、漏液等异常现象。

（　　）193. 禁止自行拆卸钢瓶角阀和减压阀零部件。

（　　）194. 牵引鹤管时，应用力均匀，避免撞击连接器，否则会影响接头的密封。

（　　）195. 气候条件的变化对槽车装卸无影响。

（　　）196. 二氧化碳灭火器一经使用应立即再充装。

（　　）197. 螺纹连接一般由螺栓、螺母和垫片组成。

（　　）198. 新安装或者经大修烃泵第一次开启要检查电机的转向是否正确。

（　　）199. 在同一温度下，丙烷的蒸气压小于丁烷的蒸气压。

（　　）200. 离心泵输送的液体温度过高，液体饱和蒸气压降低，泵会发生气蚀。

5.2.4　简答题

1. 钢瓶充装前的外观检查内容有哪些？
2. 液化石油气强制气化供气的特点是什么？
3. 消防水系统由哪些部分组成？
4. 安全阀的作用是什么？
5. 液化石油气槽车随车必带的文件和资料有哪些？
6. 紧急切断阀的作用是什么？
7. 贮罐的排污操作如何进行？

8. 干粉灭火器如何进行维护保养?

9. 液化石油气库站使用的灭火器有哪些?

10. 液化石油气槽车罐体年度检验的内容有哪些?

11. 灭火的基本方法有哪些?

12. 为什么要严格控制液化石油气充装量?

13. 液化石油气自然气化供气的特点是什么?

14. 液化石油气的火灾危险性有哪些?

15. 贮罐的日常维护与保养项目有哪些?

16. 钢瓶内装有 14.5 kg 液化石油气,问其约可气化得到多少立方米标准状态下的液化石油气气体?(标准状态下液化石油气气体密度 $\rho = 2.3$ kg/Nm^3)。

17. 贮罐的实际容积为 100 m^3,液化石油气的重量充装系数 $\gamma = 0.425$ t/m^3,问该贮罐的最大充装量是多少?

18. 压缩机进口压力 $P_1 = 0.3$ MPa,正常运行时压缩机可提供 0.2 MPa 的进出口压差,问压缩机出口压力应为多少?

19. 压缩机卸槽车,25 t 的液态液化石油气要求在 1.5 h 卸完,问液相管内流量是多少?

20. 压缩机卸槽车,25 t 的液态液化石油气要求在 1.5 h 卸完,液态液化石油气在管道内流速为 3 m/s,液态液化石油气的密度 $\rho = 550$ kg/Nm^3,问液相管的管径是多少?

5.2.5　单项选择题答案

1. B	2. C	3. B	4. B	5. A	6. C	7. A	8. A	9. B	10. D
11. A	12. C	13. A	14. B	15. C	16. C	17. A	18. C	19. B	20. A
21. B	22. D	23. A	24. C	25. A	26. B	27. B	28. C	29. C	30. B
31. D	32. C	33. A	34. C	35. B	36. A	37. C	38. C	39. D	40. A
41. C	42. B	43. B	44. C	45. B	46. B	47. C	48. A	49. A	50. A
51. A	52. C	53. A	54. C	55. D	56. A	57. C	58. B	59. D	60. C
61. B	62. B	63. D	64. C	65. B	66. B	67. C	68. C	69. C	70. B
71. D	72. A	73. C	74. A	75. C	76. A	77. B	78. A	79. C	80. A
81. A	82. B	83. C	84. B	85. B	86. D	87. A	88. D	89. B	90. D
91. B	92. B	93. C	94. B	95. B	96. A	97. B	98. B	99. C	100. C
101. C	102. B	103. C	104. A	105. C	106. B	107. B	108. A	109. A	110. B
111. B	112. C	113. D	114. A	115. B	116. B	117. C	118. C	119. B	120. A
121. A	122. B	123. D	124. D	125. C	126. C	127. B	128. B	129. C	130. B
131. D	132. A	133. B	134. D	135. C	136. A	137. C	138. C	139. A	140. C
141. B	142. B	143. D	144. B	145. C	146. A	147. D	148. B	149. C	150. B
151. D	152. D	153. C	154. C	155. B	156. A	157. C	158. A	159. B	160. C
161. D	162. A	163. C	164. C	165. B	166. C	167. B	168. C	169. C	170. A
171. D	172. A	173. A	174. A	175. B	176. B	177. B	178. A	179. A	180. D

181. C　182. B　183. D　184. C　185. B　186. B　187. A　188. B　189. C　190. B

191. B　192. D　193. A　194. C　195. C　196. C　197. A　198. D　199. A　200. D

5.2.6　多项选择题答案

1. ABCD　　2. CD　　3. AB　　4. CD　　5. ABC　　6. ABC　　7. ABCD

8. BCD　　9. AB　　10. BCD　11. ABD　12. ABCD　13. ABD　14. ABCD

15. ABCD　16. ACD　17. ABCD　18. AD　　19. ABC　20. ABCD　21. AB

22. CD　　23. ABC　24. CD　　25. BCD　26. ABCD　27. AD　　28. ABCD

29. BCD　30. ACD

5.2.7　判断题答案

1. √　2. ×　3. √　4. √　5. √　6. √　7. √　8. ×　9. √　10. ×

11. ×　12. ×　13. √　14. ×　15. √　16. √　17. √　18. ×　19. √　20. √

21. √　22. ×　23. √　24. √　25. ×　26. √　27. √　28. ×　29. √　30. √

31. √　32. √　33. √　34. √　35. √　36. ×　37. √　38. ×　39. √　40. √

41. √　42. √　43. √　44. √　45. √　46. √　47. √　48. √　49. √　50. √

51. √　52. √　53. √　54. √　55. √　56. √　57. √　58. √　59. √　60. √

61. ×　62. √　63. √　64. √　65. √　66. √　67. √　68. √　69. √　70. √

71. √　72. √　73. √　74. ×　75. √　76. √　77. √　78. ×　79. √　80. √

81. √　82. √　83. √　84. √　85. √　86. √　87. √　88. √　89. √　90. √

91. √　92. ×　93. ×　94. √　95. √　96. √　97. √　98. √　99. √　100. ×

101. ×　102. √　103. √　104. √　105. √　106. √　107. √　108. √　109. √　110. √

111. √　112. ×　113. √　114. √　115. √　116. √　117. √　118. √　119. √　120. √

121. √　122. √　123. √　124. √　125. √　126. ×　127. √　128. √　129. √　130. √

131. √　132. √　133. √　134. √　135. √　136. √　137. √　138. √　139. √　140. √

141. ×　142. √　143. √　144. √　145. √　146. √　147. √　148. √　149. √　150. √

151. √　152. √　153. √　154. √　155. √　156. √　157. √　158. √　159. √　160. √

161. √　162. √　163. ×　164. √　165. √　166. √　167. √　168. √　169. √　170. √

171. √　172. √　173. √　174. √　175. √　176. ×　177. √　178. √　179. √　180. √

181. √　182. √　183. √　184. √　185. √　186. √　187. √　188. √　189. √　190. ×

191. √　192. √　193. √　194. √　195. ×　196. √　197. √　198. √　199. ×　200. ×

5.2.8　简答题答案

1. 答:①有无合格证;②角阀是否残缺;③底座、手提护栏是否变形、松动甚至脱落;④是否标记不全或标记不能识别;⑤瓶体有无凹陷、划痕、锈蚀,有无涂漆脱落和焊缝缺陷;⑥是否过期未检;⑦是否抽真空。

2. 答:液化石油气强制气化供气是指液态液化石油气通过吸收人工热媒(热水、烟气)的热量,气化成气态液化石油气,经减压后输送给用户的供气方法。其特点是:①需气化设备并耗能;②气化量大;③气化后组分无变化;④输送过程中会出现再液化的问题,需减小至足够低的压力输送解决。

3. 答:①消防水池;②消防水泵;③消防水管网;④消防栓和消防水炮;⑤固定喷淋装置。

4. 答:当贮罐、设备、管道内的压力超过设计压力时,安全阀自动开启,将贮罐、设备、管道内的部分气体或液体放散,压力恢复正常压力后,安全阀自动关闭。

5. 答:①汽车罐车使用证;②机动车驾驶执照和汽车罐车准驾证;③押运员证;④准运证;⑤汽车罐车定期检验报告复印件;⑥液面计指示刻度与容积的对应关系表,在不同温度下介质密度、压力、体积对照表;⑦运行检查记录本;⑧汽车罐车装卸记录。

6. 答:用以紧急切断管路,避免因管道折损、阀门破裂、运行失误或发生火灾,引起液化石油气大量泄漏和事故的发生。

7. 答:①排污时需一人排污,一人监护;②先开第一道阀,待污液进入管段后,关闭第一道阀,然后开第二道阀,将污液排至曝气池;③排污管上两道阀门交替开关,观察排出物的情况,若有液化气流出,排污完毕,关闭两排污阀。

8. 答:①应放置于干燥通风、防潮、防晒、易于取用的地方;②每年检查一次干粉的结块情况;③每半年称重一次,若质量减少 10%,需补充 CO_2;④承压瓶体每 3 年做一次 21 MPa 的水压试验;⑤一经使用,必须重新充装。

9. 答:①二氧化碳灭火器;②干粉灭火器;③1211 灭火器。

10. 答:①罐体技术档案资料审查;②罐体表面漆色、铭牌和标志检查;③罐体内外表面裂纹、腐蚀、划痕、凹坑、泄漏、损伤等缺陷检查;④对罐体对接焊缝内表面和角焊缝全部进行表面探伤检查,对有怀疑的对接焊缝进行射线或超声波探伤检查;⑤安全阀、紧急切断装置、液面计、压力表、温度计、导静电装置和其他附件的检查或校验;⑥罐体与底盘的紧固装置检查和测量导静电带电阻;⑦气密性试验。

11. 答:隔离灭火法、窒息灭火法、冷却灭火法、化学抑制法。

12. 答:因为液态液化石油气的体积膨胀系数大,若超量充装,液态液化石油气温度升高,液体膨胀易充满容器内空间。在容器满液的情况下,若液态液化石油气温度升高 1 ℃,瓶内压力将升高 2 ~ 3 MPa,温度再上升 2 ~ 3 ℃,则容器内压超过爆破压力而发生爆裂。

13. 答:液化石油气自然气化供气是指液态液化石油气通过吸收周围环境(空气)的热量,气化成气态液化石油气,经减压后输送给用户的供气方法。其特点是:①不需气化设备、不耗能;②气化量少;③气化后组分有变化。

14. 答:①极易燃烧和爆炸;②火势猛,灾害损失大;③易挥发,且事故具有隐蔽性;④极限浓度低,继生灾害严重。

15. 答:①防腐层是否破裂、脱落;②贮罐外表面有无裂纹、变形;③贮罐的接管焊缝、受压元件有无泄漏;④紧固螺栓是否完好,有无松动;⑤基础有无下沉、倾斜;⑥静电接地线是否完好,有无腐蚀、断裂;⑦消防水管及喷头是否完好、正常;⑧梯子、平台等设施是否完好。

16. 答：$V = \dfrac{m}{\rho} = \dfrac{14.5}{2.3} = 6.3(\text{Nm}^3)$

17. 答：$G = V\gamma = 100 \times 0.425 = 42.5(\text{t})$

18. 答：$P_2 = P_1 + \Delta P = 0.3 + 0.2 = 0.5(\text{MPa})$

19. 答：$Q = \dfrac{M}{t} = \dfrac{25\,000}{1.5 \times 3\,600} = 4.63(\text{kg/s})$

20. 答：$Q = \dfrac{M}{t} = \dfrac{25\,000}{1.5 \times 3\,600} = 4.63(\text{kg/s})$

$$V = \dfrac{Q}{\rho} = \dfrac{4.63}{550} = 0.008\,4(\text{m/s})$$

$$d = \sqrt{\dfrac{4V}{\pi v}} = \sqrt{\dfrac{4 \times 0.008\,4}{3.14 \times 3}} = 0.059\,8(\text{m}) \approx 60\ \text{mm}$$

参考文献

［1］祖因希. 液化石油气操作技术与安全管理［M］. 3 版. 北京:化学工业出版社,2010.

［2］张应力. 液化石油气储运与管理［M］. 北京:中国石化出版社,2007.